女装成衣结构设计

罗旻 编著

图书在版编目(CIP)数据

女装成衣结构设计/罗旻编著. —武汉：武汉大学出版社,2024.8
ISBN 978-7-307-24281-4

Ⅰ.女… Ⅱ.罗… Ⅲ.女服—结构设计—高等学校—教材
Ⅳ.TS941.717

中国国家版本馆 CIP 数据核字(2024)第 035083 号

责任编辑：王智梅　　　责任校对：汪欣怡　　　版式设计：马　佳

出版发行：**武汉大学出版社**　（430072　武昌　珞珈山）
　　　　　（电子邮箱：cbs22@whu.edu.cn　网址：www.wdp.com.cn）
印刷：湖北诚齐印刷股份有限公司
开本：787×1092　1/16　印张：16.5　字数：376 千字　插页：1
版次：2024 年 8 月第 1 版　　2024 年 8 月第 1 次印刷
ISBN 978-7-307-24281-4　　　定价：49.00 元

版权所有，不得翻印；凡购我社的图书，如有质量问题，请与当地图书销售部门联系调换。

目 录

第一章　服装结构设计基础　001
第一节　服装结构设计内容与方法　001
第二节　服装与人体测量　004
第三节　服装结构设计制图常识　009
第四节　女装号型规格标准　014
第五节　服装结构设计工具　020

第二章　新文化式女上装原型应用分析　022
第一节　新文化式女上装原型构成　022
第二节　新文化式女装原型修正　030
第三节　原型衣身浮余量应用方法　034
第四节　服装放松量与原型衣身结构处理　044

第三章　衣身结构设计与变化　051
第一节　省道的设计与应用　051
第二节　分割线结构设计变化应用　059
第三节　褶裥结构设计变化应用　064
第四节　衣身局部设计与应用　071

第四章　领子的结构设计　076
第一节　无领结构设计　076
第二节　立领结构设计　083
第三节　翻领结构设计　089
第四节　驳领结构设计　103

第五章　衣袖的结构设计　▶▶　109
　　第一节　无袖结构设计　　　　109
　　第二节　装袖的结构设计　　　114
　　第三节　连身袖结构设计　　　128

第六章　女式衬衫结构设计　▶▶　138
　　第一节　无袖式系腰结女衬衫　138
　　第二节　披肩式女衬衫　　　　144
　　第三节　系结式短袖女衬衫　　149
　　第四节　前中心抽褶式女衬衫　154
　　第五节　男衬衫领女式牛仔衬衫　159

第七章　女式西服结构设计　▶▶　165
　　第一节　平驳领女式西服　　　165
　　第二节　青果领女式西服　　　173
　　第三节　刀背结构女式西服　　180
　　第四节　驳领女式休闲西服　　187
　　第五节　连身袖结构女式西服　193

第八章　女式大衣结构设计　▶▶　199
　　第一节　无插角连身袖大衣　　200
　　第二节　落肩连帽休闲大衣　　205
　　第三节　插肩袖双排扣风衣　　211
　　第四节　时尚收腰式中长大衣　218
　　第五节　腰部抽褶波浪领大衣　226

第九章　连衣裙结构设计　　▶ 232

第一节　露肩式前开襟连衣裙　　232

第二节　高腰节分割式连衣裙　　238

第三节　低腰节碎褶连衣裙　　243

第四节　左右不对称式连衣裙　　248

第五节　挂脖式连衣裙　　253

第一章 服装结构设计基础

服装设计亦称服装工业产品设计,是由服装款式设计、服装结构设计、服装工艺设计三部分组成。服装结构设计介于服装款式设计与服装工艺设计之间,是服装设计的重要组成部分,既是服装款式设计的延伸和发展,又是服装工艺设计的准备和基础。它研究人体与服装结构的内涵和服装各部件的相互组合关系,包括服装功能性与装饰性的设计,服装部件分解与构成的方法和规律等,其知识结构涉及人体测量学、人体解剖学、服装美学、服装卫生学、服装设计学、服装生产工艺学及数学等。因此,服装结构设计是艺术和科技相互融合、理论和实践密切结合的实践性较强的学科,掌握服装结构设计知识也是服装设计师必须具备的专业素质。

第一节 服装结构设计内容与方法

一、服装结构设计内容

服装结构设计是将服装效果图绘制出平面服装结构制图,然后进行打板,制作净样、毛样,为排料、裁剪及缝制提供技术依据。因此,服装结构设计是服装制板的基础,无论是按照服装款式设计图,还是根据服装图片打板,服装结构设计是服装设计实现即成衣制作过程中的前提,其内容包括以下几个方面：

（一）服装效果图

服装人体着装图即为服装效果图，是设计者对设想的服装立体形态的呈现，包括对服装款式的造型、面料的材质、色彩、饰品等外观形态的描述及艺术风格的表达。服装效果图是服装设计的图稿，可以从中了解服装的基本品类及适合穿着的性别、年龄。服装效果图中，除了人体着装图外，还包括服装款式图、设计构思及面料小样。服装款式设计图通常通过正面和背面视图方式直观显示服装外观造型效果及其内部结构，细节设计通常通过局部结构放大图呈现。

（二）服装款式图

服装款式图是直观地显示服装外观造型效果及其内部结构的图，是形成服装特点的具体表现形式。通过制图裁剪后的衣片和附件，经缝合后要充分反映服装款式的造型特征和设计者的意图、风格。因此，进行服装结构设计制图之前，一定要弄清款式的造型特征，理解、领会设计者的意图。服装款式图以正面视图为主，还包括小的背面图及局部结构放大图。

（三）服装效果图与服装款式图结构分析

服装效果图与服装款式图结构分析，包括服装设计的风格、服装款式的功能属性、服装的外部造型与内部结构的关系、服装面料材质的组合搭配、工艺设计等内容的分析与理解。其中与结构设计关系最紧密的就是服装效果图所呈现出来的服装造型与人体曲面的关系，同时还要考虑服装内部结构与外部造型是否吻合、穿脱功能是否合理等。当拿到效果图后，我们必须先对其从整体到局部，再从局部到整体，并从结构技术方面进行全面的分析与推敲，及时发现、纠正效果图中的问题，使效果图与结构图达到统一，保证其准确合理。

（四）绘制服装结构设计图

服装结构设计图也称服装裁剪图。服装结构设计图是以服装效果图或服装款式图为依据，以号型规格为标准，遵循服装结构设计的原理和变化规律，按一定比例绘制出来的平面图。结构制图是以框架线为制图基准线，由衣片的轮廓线和其中的结构线构成，在绘制结构制图中，应标明各部位线条的计算方法和数据。

（五）制作服装纸样

服装纸样即服装样板，是服装结构最具体的表现形式，服装纸样的制作是服装生产程序中最重要的环节。当服装设计师在设计出服装效果图后，就必须通过结构设计来分解它的造型。即先在打板纸上画出它的结构制图，再制作服装结构的纸样（服装纸样分为净样与毛样），然后利用服装纸样对面料进行裁剪，并制作样衣。

二、服装结构设计方法

服装结构设计是实现服装设计意图的关键环节，在服装设计中起着承上启下的作用，其具体过程是根据服装款式设计图分析人体与服装款式的特点，通过平面、立体或平面与立体结合的结构设计方法，完成纸样制作。在这个过程中，必须考虑款式造型要素、人体要素、工艺要素和服装面料要素。

(一) 平面结构设计

1. 平面结构设计方法

平面结构设计是服装结构设计中最广泛的一种方法。常用的平面结构设计方法主要有比例分配法与原型法两种。

比例分配法是将人体测量后所得的各部位净尺寸，按照款式造型和穿着要求设定服装成品规格，并结合服装款式特点增加或减少相应的尺寸，通过一定的制图原则在面料或纸上绘制服装结构图，这种方法多以胸围为计算依据，以款式分类设计放松量，使结构设计以衣为本，一步到位，其结构的合理性更多的是来自设计者的经验，因此更适用于一些比较传统的服装款式，但对款式造型变化较大的服装来说，则不易把握设计尺寸。

原型法是以人体主要控制部位的净体尺寸为依据，绘制具有服装基本结构的原型，根据款式的特点，通过在原型的基础上加放、缩减、剪切、展开、转省等方法，变化各种服装造型。对设计者而言，这种方法不受任何模式与公式的制约，操作简单，易于掌握，可灵活地应用于各种多变服装款式中，是现代服装结构设计中常用的方法。在欧美、日本等服装工业发达国家和地区，都创立了符合各自体型特点的服装基本纸样，常见的原型有美国原型、英国原型、法国原型、日本原型、韩国原型等。在许多国家与地区，设计师们所使用的基本型在风格和理解上各有不同，但变化原理是相同的，他们都恪守对基本纸样的熟练把握这一原则。如在日本就有五种原型，即文化式原型、登丽美原型、田中原型、伊东式原型、考梯丝式原型，其中日本文化服装学院发明的文化式原型，在我国高等服装设计专业院校中普遍采用。

2. 平面结构设计的步骤

平面结构设计的步骤：服装款式设计图——人体体型——结构分析草图——服装规格设计——平面制图(比例分配法或原型法)——服装纸样。

(二) 立体结构设计

1. 立体结构设计方法

立体结构设计即立体裁剪，按照服装造型设计构思或服装款式设计图，直接在人体或专用规格服装人台上，进行剪切、折叠和固定等手法，做出合乎人体体型和符合款式设计的服装造型，直接获得服装结构纸样的方法。

2. 立体结构设计的步骤

立体结构设计的步骤：设想的服装立体形态(服装款式设计图)——确定穿着对象(相关规格人台)——立体裁剪——衣片平面展开——服装结构纸样。

(三) 平面与立体相结合

平面与立体相结合的方式是根据服装款式设计图的特点，在服装结构设计上将平面的直线裁剪风格与立体式造型风格相互转化,其主要有两种形式:一种是根据设想的服装立体形态或服装款式设计图,通过立体法进行设计,然后进行加放得到原型,再进行平面纸样设计。另一种是针对服装款式,对服装整体采用平面结构设计方式,而局部(如特殊的袖子、领子或衣身等)采用立体造型的方法进行服装结构设计。

可见,服装结构设计是实践性很强且具有一定创造性的学科,需要分析和了解人体基本比例与人体体表特征、服装号型与规格的制定、服装结构与人体曲面的关系、平面服装结构图转换成立体服装结构的关系等,它涉及服装成衣后的整体造型的美观性;服装结构设计或纸样制作都是立体结构的平面形式,也是面料从平面裁剪到立体缝合的关键所在。学习并掌握平面与立体的相互转化,通过立体思维方式,将衣片平面转向立体动态着装的过程,即平面、立面和侧面有机结合起来思考三维空间的设计方法,是服装造型设计和服装结构设计的共同基础与重要内容。

本书采用第八代日本文化式服装原型,通过图解方式讲解女上装结构设计与变化。第八代服装原型是在2000年日本文化服装学院第七代服装原型基础上,推出的更加符合年轻女性体型的新原型,相比第七代文化式原型,省量分配更加合理,更适合于现代年轻女性曲线与体型特征。

第二节 服装与人体测量

人体是服装形态的基础,是服装造型的依据,因此设计人员首先要测量人体,做到"量体裁衣"。如:人体的长度和围度将决定服装规格的大小;人体体表的高低将制约收省的大小及工艺归拔的程度;人体的运动将控制服装最低放松量的多少等。为了使服装符合人的生理特点,让人在穿着时处于舒适的状态和适宜的环境之中,需要服装设计人员充分了解人体的基本构造和人的基本体型,熟悉有关人体体型的基本数据,并能将人体的运动规律、形态结构的分析与形式美的法则原理研究结合起来,使自然属性的人的体形特征通过合适的服装结构,达到外在美的理想标准。在服装结构设计中,将人体既定的骨骼点、突出点设置为基准点,根据基准点设置基准线,从而为服装主要结构点与结构线的定位提供可靠依据。因此,学习服装结构设计,必须对服装与人体的关系有充分的认识,熟悉人体基本构造,了解人体的基准点与基准线。

一、基准点与基准线

人体主要基准点与基准线是服装人体测量、结构设计制图的重要理论依据之一。要进行正确的人体测量,就要求在测体前找准测定部位,尤其是要正确定出颈围的各个测点和肩端点位置等(见图1-1)。

(一)人体主要基准点

(1)颈侧点:位于人体颈侧根部至肩部的转折点,是确定领宽的参考依据,也是测量小肩

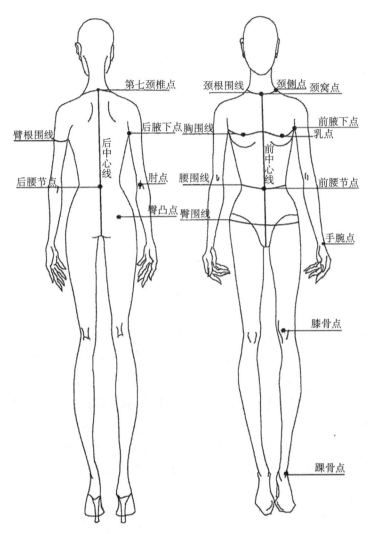

图 1-1 基准点与基准线部位名称

宽的依据。

(2) 颈窝点：位于人体前中央颈、胸交界处，是领口深定位的参考依据。

(3) 前腋下点：位于人体胸部与臂根的交点处，是测量胸宽的参考点。

(4) 乳点：位于人体胸部最高点，是确定胸围线和胸省省尖方向的参考点。

(5) 前腰节点：位于人体前腰部正中央处，是确定前腰节长的参考点。

(6) 后腰节点：位于人体后腰部正中央处，是确定后腰节长，即背长的参考点。

（7）手腕点：位于人体尺骨最下端处的一明显凸点，是测量袖长的参考点。

（8）膝骨点：位于人体膝关节的中心处，是确定裤子的膝围线和测量裙长的参考点。

（9）踝骨点：位于人体的踝关节向外突出点，是测量裤长和裙长的参考点。

（10）第七颈椎点：位于人体后中央颈、背交界处，是测量背长和上衣长的起点。

（11）后腋下点：位于人体背部与臂根的交点处，是测量背宽的参考点。

（12）肘点：手臂弯曲时肘部最突出的点，是制定肘线及肘省省尖方向的参考点。

（13）臀凸点：位于人体后臀最高处，是确定臀围线和臀省省尖方向的参考点。

（二）人体主要基准线

（1）肩斜线：颈肩点与肩端点的连线，是小肩宽的参考线。

（2）颈根围线：位于人体颈部与躯干的交接处，前面经过颈窝点，侧面经过颈肩点，后面经过第七颈椎点，是测量领围尺寸的参考线。

（3）臂根围线：位于人体上肢与躯干的交接处，前面经过前腋下点，上端经过肩端点，后面经过后腋下点，是测量人体臂根围尺寸的参考线。

（4）胸围线：通过乳点的水平围线，是测量人体胸围尺寸的参考线。

（5）前中心线：颈窝点与前腰节点的连线，即前身的对称轴线，是服装前中心线定位的参考线。

（6）后中心线：第七颈椎点与后腰节点的连线，即后身的对称轴线，是服装后中心线定位的参考线，也是背长尺寸的参考线。

（7）腰围线：通过腰节点的水平围线，即人体腰部最细处，是测量人体腰围尺寸的参考线。

（8）中臀围线：通过腰线与臀线中点处的水平围线，即腹围线，是测量人体中臀围尺寸的参考线。

（9）股上线：腰节点与臀下线的连接线，是测量上裆尺寸的参考线。

二、人体测量的方法与注意事项

（一）人体测量的方法

通过测量人体，才能做到"量体裁衣"。服装制图中人体的外形决定了服装的基本结构和形态。人体有关部位的长度、宽度、围度的尺寸数据，是服装制图的直接依据（见图1-2）。

1. 长度的测量

（1）总体高：代表服装的"号"，从头部顶点量至脚跟。

（2）衣长：由颈肩点经胸部最高点垂直向下，量至衣长所需位置。

（3）前腰节长：从颈肩点（SNP）自然通过胸部至腰围线的距离。

（4）后腰节长：从颈肩点（SNP）自然通过后背至腰围线的距离。

（5）袖长：自肩端点（SP）沿手臂通过肘部至手根点或袖口线的距离。

(6) 裤长：腰围线至外踝点或裤脚口线的侧面距离。

(7) 裙长：①腰围线至所需裙长线的侧面距离。②（连身裙）自后颈椎点(BNP)至裙长所需位置。

(8) 连衣裙长：有颈肩点经胸部最高点垂直向下量至裙摆所需位置。

(9) 背长：从后颈椎点(BNP)自然沿着后脊柱至腰围线的距离。

(10) 臀长：立姿，用软卷尺在体侧测量自腰围线沿臀部曲线至大转子点(股骨)所得的距离。

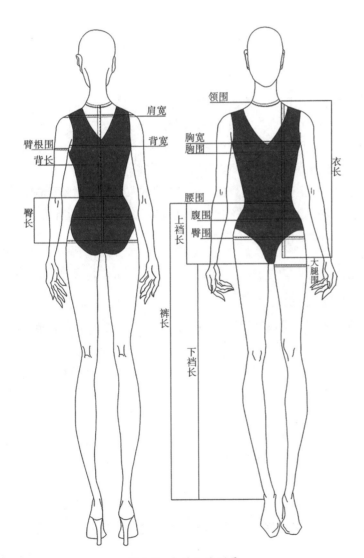

图 1-2　女性人体测量

(11)上裆长：也称为直裆深、股上长，是由腰围线到臀沟（股上点）之间的距离。测量时，被测者坐在硬面椅子上挺直坐姿，从腰围向下量至椅面的垂直距离即为直裆深。

2. 围度的测量

(1)胸围：立姿，自然呼吸，用软卷尺测量经肩胛骨、腋窝和乳头所得的最大水平围度。

(2)腰围：立姿，自然呼吸，用软卷尺测量肋部与髂嵴之间最细部所得的水平围度。

(3)臀围：立姿，用软卷尺测量大转子（股骨）臀部最丰满处所得的水平围度。

(4)腹围：测量腹部最丰满处水平一周的围度尺寸。

(5)臂根围：通过前后腋点、臂根底点及肩端点测量手臂与躯干交界线的长度尺寸。

(6)上臂围：上臂最丰满处水平一周的围度尺寸。

(7)手腕围：手腕处一周的围度尺寸。

(8)手掌围：五指自然伸直，手掌摊开手掌最宽处一周的围度尺寸。

(9)头围：通过额头中央、耳朵上方及后脑部突出处一周的围度尺寸。

(10)颈根围：通过前、后颈围中心点及左右肩颈点、颈根处的围度尺寸。

(11)肩宽：从左肩端点自然通过后背上部至右肩端点的水平弧长。

(12)后背宽：用软卷尺测量后背的左后腋点与右后腋点之间的距离。

(13)前胸宽：用软卷尺测量前胸左前腋点与右前腋点之间的距离。

(14)乳距：立姿，自然呼吸，用软卷尺测量两乳峰点间所得的距离。

以上尺寸测量项目并不是在每件服装上都涉及，对于不同款式的服装，应选择所需要的部位进行尺寸测量。在进行尺寸测量的同时，观察被测者的体型特征，如挺胸、驼背、平肩或、溜肩等并予以记录，以便能更准确地进行服装的结构设计。

3. 特殊体型测量方法

在测量特殊体型时，要从前后左右不同角度观察人体胸部、腰部、肩部及背部等特征并进行重点测量，以作制图时重要参考依据。观察和了解人体体型特殊之处，如：凸胸、大腹、端肩、驼背等，特别是对于驼背又腆腹、挺胸又突臀等双重特体，在测量中要采取不同测量方法，以求得较准确的尺寸。

(1)驼背型体型测量。驼背型体型的特征是背部凸起、头部前倾、胸部平坦；背宽尺寸大于前胸宽尺寸，测量长度时注意要量准前后腰节高，围度主要取决于胸宽与背宽尺寸，在制图时要相应加长或加宽后背宽的尺寸。

(2)挺胸型体型测量。挺胸型体型（鸡胸体）与驼背体型相反，胸部饱满突出，背部平坦，前胸宽尺寸大于后背宽尺寸，头部呈后仰状态。测量时与驼背体相同，注意要量准前后腰节高。在制图时则注意要相应加长、加宽前后衣片尺寸。

(3)大腹型体型测量。大腹型体型（包括腆肚体），其体型特征是中腹的尺寸与胸围的尺寸基本相等，或超过胸围尺寸（正常体中腹尺寸男性应小于16cm，女性应小于18cm）。测量方法应注意以下两点：

第一，测量上衣时，要专门测量腹围、臀围和前后腰节长。制图时扩放下摆，注意避免前短后长的弊病。

第二，测量裤子时，要放开腰带测量腰围，同时要测前后立裆尺寸。制图时注意前立裆要适当延长，后立裆要适当变短以适应体型特征。

(4) 突臀体型测量。突臀体型的特征很明显，臀部丰满、凸出。测量时要加测后裆尺寸，在制图时适当加长后裆线。

(5) 异形腿体型测量。异形腿体型常见有两种：罗圈腿即"O"型腿和"X"型腿。罗圈腿特征是膝盖部位向外弯，呈"O"型，要求裤子外侧线加长。测量时要加测下裆和外侧线（与下裆底呈平行的外侧线），以便调整外侧线。"X"型腿特征则是膝盖部位向内偏，小腿在膝盖下往外撇，要求裤子内侧线延长。测量方法与罗圈腿相同。

(6) 异形肩部体型测量。异形肩部体型主要有端肩、溜肩两种。正常体的小肩高一般为 4.5cm~6cm，第七颈椎水平线与肩峰的距离小于 4.5cm 者为端肩，大于 6cm 者为溜肩。测体时应加测肩水平线（即上装的上平线）和肩高点的垂直距离，以便制图时调整。

(二) 人体测量注意事项

(1) 要求被测者立姿，保持自然呼吸，双臂下垂，挺胸，不得低头。软尺要测量出合体的服装，测量时不要过紧或过松；量长度时尺要垂直，量围度时尺要水平。

(2) 在测量围度时（如胸围、腰围、臀围），要找准外凸的峰位或凹陷的谷位围量一周，并注意测量的软尺前后要保持水平不要过松或过紧，以平贴能转动为宜，再加放松量即为成品尺寸。

(3) 测体时要注意方法，要按照顺序进行并做好记录。测体时一般从前到后、由左到右、自上而下地按人体部位顺序进行测量，以免漏测或重复。

(4) 要熟悉并了解衣着对象的体型。对特殊体型（如鸡胸、驼背、大腹、凸臀），应测特殊部位并作好记录，以便制图时作相应的调整。

(5) 在放松量表中所列各品种服装的放松量尺寸，是根据一般情况约定的，只能在实际运用时作为参考。由于款式不同以及习惯爱好和要求不同，可根据实际需要增减放松量尺寸。

第三节　服装结构设计制图常识

一、服装结构设计制图常用术语

服装制图术语是服装制图中的专门用语，作用是统一服装制图中的裁片、零部件、线条、部位的名称，使各种名称规范化、标准化，以利于交流。服装制图术语是在长期的生产实践中逐步形成的，其来源大致有以下几个方面：①约定俗成；②服装零部件的安放部位，如肩襻、袖襻等；③零部件本身的形状，如琵琶襻、蝙蝠袖等；④零部件的作用，如吊襻、腰带等；⑤外来语的译音，如育克、塔克、克夫等。常用服装制图术语，如表 1-1 所示。

表 1-1　　　　　　　　　　　常用服装制图术语

序号	名称	含义
1	缝份	指制图轮廓线外另加的缝份部分，一般为 1cm
2	净样板	服装实际尺寸，不包括缝份与贴边的样板
3	毛样板	裁剪尺寸，包括缝份、贴边等在内的样板
4	画顺	光滑圆顺地连接直线与弧线、弧线与弧线
5	贴边	贴在前门襟或领口向里翻的那一层面料
6	劈势	直线的偏进量，如上衣门襟、里襟上端的偏进量
7	翘势	水平线的上翘量，如裤子后翘，指后腰缝线在后裆缝线处的抬高量
8	困势	直线的偏出量，如裤子侧缝困势是指后裤在侧缝线上端处的偏出量
9	吃量	某些部位制作时应抽缩、吃进的部分(如袖山弧线)
10	门襟	衣片的锁眼边
11	里襟	衣片的钉扣边
12	叠门	又称交门，是门襟和里襟相叠合(相交)的部分
13	止口	指衣片边缘应做光洁的部位，如叠门与挂面的连接线
14	挂面	上衣门襟、里襟反面的贴边
15	过肩	也称育克，指肩缝前移，越过原肩缝部分称"过肩"，一般常用在上衣肩部上的单层或双层面料
16	驳头	挂面第一粒纽扣上段向外翻出不包括领的部分
17	省	又称省缝，根据人体的曲线形态所需去掉的部分
18	褶	又称裥，根据人体曲线所需，有规律折叠或收拢的部分
19	裥	根据人体曲线所需，有规则折叠或收拢的部分
20	袖克夫	又称袖头，系外来语音译，指沿袖口边的镶边，缝接于袖子的下端，一般为长方形袖头
21	分割	根据人体曲线形态或款式要求而在上衣片或裤片上增加的结构缝
22	剪口	在裁片的缝边某部位剪一个小缺口，如"U"形记号，缝制时起定位作用
23	反吐	衣服止口"内紧外松""外长内短"处理不到位，导致里子外露
24	缩率	面料经过水洗、熨烫等处理后收缩的比率
25	幅宽	指衣料的纬向宽度，也称门幅

二、服装结构设计制图部位代码

在进行服装结构设计时，为了制图的清晰明了，一般会采用部位代码，取各部位英文单词的第一个字母为代码,如胸围(Bust Girth)代码为"B"、长度(Length)代码为"L"。有时会用到"B*"或"H*",表示是加了放松量后的胸围量和臀围量,如表1-2所示。

表1-2　　　　　　　　　　　　　服装制图常用代码

序号	中文	英文	代码
1	衣长	Length	L
2	胸围	Bust Girth	B
3	腰围	Waist Girth	W
4	臀围	Hip Girth	H
5	领围	Neck Girth	N
6	肩宽	Shoulder Width	S
7	袖长	Sleeve Length	SL
8	袖笼弧长	Arm Hole	AH
9	胸高点	Bust Point	BP
10	颈侧点	Side Neck Point	SNP
11	胸围线	Bust Line	BL
12	腰围线	Waist Line	WL
13	臀围线	Hip Line	HL
14	袖肘线	Elbow Line	EL
15	膝围线	Knee Line	KL
16	领围线	Neck Line	NL
17	前腰节长	Front Waist Length	FWL
18	后腰节长	Back Waist Length	BWL
19	前胸宽	Front Bust Width	FBW
20	后背宽	Back Bust Width	BBW

三、服装结构制图符号

制图符号是为了使结构图简便易懂,且便于识别而制定的统一规范的制图标记。从成衣国际标准化要求出发,在纸样上加以标准化、系列化和规范化。许多符号不仅应用于绘制纸样本身,也应用于裁剪、缝制、后整理和质量检验中。其主要包括服装结构制图常用符号(如表1-3所示)和服装纸样生产常用符号(如表1-4所示)。若服装结构制图中使用其他制图符号,须用图或文字加以说明。

表1-3　　　　　　　　　　　　　　　　服装结构制图常用符号

序号	名称	表示符号	符号用途说明
1	细实线	——————	表示制图的基础线、尺寸标注线，线条较细
2	粗实线	——————	表示服装制图外轮廓线、部件轮廓线，线条较粗
3	虚线	- - - - - - -	表示辑缝线为明线或叠在下层的透视线
4	点画线	—·—·—·—	表示衣片双层对折中心线
5	双点画线	—··—··—··	表示衣片的折转位置，如驳口线、翻折线
6	等分线		表示该线段分成若干相等距离的线段
7	距离线	├────┤	表示纸样中某部位两点之间的距离
8	直角符号	⌐	表示衣片此处呈直角
9	重叠符号		表示样板相互重叠的位置
10	拼合符号		表示裁剪时样板拼合符号
11	省略符号		长度省略的标记
12	相同符号	● ○ ■ □ ◎	表示部位尺寸大小相同
13	切割展开符号		表示该部位需要分割并展开

表1-4　　　　　　　　　　　　　　　　服装纸样生产常用符号

序号	名称	表示符号	符号用途说明
1	纱向符号		表示面料的经纱方向
2	毛向符号	- - - - - - →	表示面料毛绒方向
3	刀口符号	- - -V- - -	表示在缝份上作缝制时的对位记号
4	明线	—————————	衣片表面辑明线的记号

续表

序号	名称	表示符号	符号用途说明
5	省道线		表示裁片需收省道的位置
6	褶裥符号		表示这一部分需有规律地折叠，常见有明褶裥与暗褶裥两种形式
7	扣眼符号		表示扣眼位置符号
8	钉扣符号		表示钉纽扣位置符号
9	对格符号		表示相关裁片格纹的纵横线对应一致
10	对条符号		表示相关条纹的纵横线应对应一致
11	拉链符号		表示服装在该部位缝装拉链
12	归拢符号		表示此部位衣片需要熨烫归拢
13	拔开符号		表示此部位衣片需要熨烫拉伸

四、服装结构设计制图的顺序与要求

(一)服装结构制图的顺序

(1)先画基础线，再画结构线。通常在服装的结构制图时，一般先画出横向水平线与纵向垂直线，即基础线，再画出服装构成部件的轮廓线和能引起服装造型变化的结构线。制图时通常由上而下，由左至右进行。

(2)先画服装的正身衣片，后画部件。正身衣片即为服装的前、后衣片，服装的部件主要是领子、袖子、口袋、腰带等。

(3)先画长度，再画宽度，再画弧线。结构制图时一定要做到长度与宽度的线条相互垂直，最后根据体型及款式的要求，将各部位用弧线连接画顺。连接各点画线，并画顺轮廓的弧线、边线。

(4)先画外部轮廓线，后画内部结构线。一件服装除了外部轮廓线，裁片内部还有口袋位、扣眼位，以及省、裥或分割线的位置等。制图时应先完成外部轮廓线的结构图，再画内部结构线。然后画上衣片内的省缝等结构线，并画出每个衣片零部件的结构图，包括口袋、纽扣等。

(5)画上经向符号(说明纱向的符号)，标上衣片名称。

(6)把衣片的外轮廓线描粗，形成明显的衣片轮廓线。

(二)服装结构制图的要求

(1)横平竖正,弧线圆顺。
(2)各部位尺寸准确。
(3)线条顺畅有力度。
(4)所有线条无差错,无遗漏。
(5)经向符号标注正确。
(6)版面布局合理,整洁干净。

第四节 女装号型规格标准

服装号型是根据人体规律和使用需要,选出人体最具代表性的部位,进行合理归并后设置的,其号型标准发展是从 GB 1335—81 到现在的 GB 1335—97。GB 1335—97 更具有科学性、合理性和实用性,计算单位为厘米(cm)。身高、胸围与腰围是人体最有代表性的部位号型,用这些部位的尺寸推算人体其他尺寸误差最小。因此,增加体型分类后最能反映人体号型特征。用这些部位号型及体型分类代号作为服装成品规格的标志,为服装生产、设计、销售及购买提供了可靠的依据。

一、服装的号型定义

服装的号型规格是根据正常人体体型规律,依据服装的款式造型、人体体型、面料的性能等,选用人体最有代表性的部位经过合理归并设置的。

"号"是指人体的身高,包含与之相对应的人体长度各控制部位的数值,是成衣结构设计和选购服装长短的依据。

"型"是指人体净胸围、净腰围与臀围的围度,上装以胸围表示型,下装以腰围尺寸表示型,是成衣结构设计和选购服装肥瘦的依据。

二、女性体型分类与号型标识

GB 1335—97 服装号型以胸腰落差多少为依据,根据人体的胸围与腰围的差值将成人体型分为四类:Y 代表瘦体型,A 代表标准体型,B 代表偏胖体型,C 代表肥胖体型(见表 1-5),即净体胸围尺寸减去净体腰围尺寸的差数,并根据差数的大小来确定体型的分类,单位均为厘米。如某女子的胸腰落差在 19~24cm,就是 Y 体型。

表 1-5　　　　　　　　　　　成年女性体型分类　　　　　　　　　　　单位:cm

体型代码	Y (瘦体型)	A (标准体型)	B (偏胖体型)	C (肥胖体型)
胸腰差值	19~24	14~18	9~13	4~8

服装号型标识通常将号和型用斜线隔开，后标上体型代码，例如：成年女子中间标准体：身高 160cm，净胸围 84cm，净腰围 66cm，体型特征为"A"型。号型表示方法：上装号型 160/84A，表示该上装适用于身高为 158cm~162cm 的人，净胸围在 82cm~85cm，胸围与腰围差在 14cm~18cm 的 A 体型者穿着。下装号型 160/68A，表示该下装适用于身高为 158cm~162cm 的人，净腰围在 67cm~69cm，胸围与腰围差在 14cm~18cm 的 A 体型者穿着。注：服装规格尺寸往往是根据流行趋势、款式要求以及服装面料的特性来定制，因此在制定服装规格尺寸时，应针对具体情况，灵活运用。

三、服装号型系列设置

将服装的号和型进行有规则的分档排列，即为号型系列。服装号型系列设置均是人体尺寸，而规格是服装成品尺寸。因此，要以标准号型尺寸为准，根据服装的款式、人体的体型、穿着习惯等因素，设计不同的加放量来制定服装规格，以适应不同消费者需求。

根据大量实测的人体数据，通过计算而得出的平均值，即为中间标准体。我国女性中间标准体默认为 160cm，胸围 84cm，即 160/84A。中间体设置表如表 1-6 所示：

表 1-6　　　　　　　　　　　　　　　中间体设置表　　　　　　　　　　　　　单位：cm

女子体型	Y	A	B	C
身高	160	160	160	160
胸围	84	84	88	88
腰围	64	68	78	82

号型系列则是以中间标准体为中心，按各部位分档数值，向两边按照档差依次递增或递减，从而形成不同的号型，号与型进行合理的组合与搭配形成不同的号型，号型标准给出了可以采用的号型系列。在 GB 1335—97 标准中规定，身高（号）以 5cm 分档，胸围以 4cm、3cm 分档，腰围（型）以 4cm、3cm、2cm 分档，组成我国标准 5.4 系列、5.3 系列和 5.2 系列。一般上装采用 5.4 系列，下装采用 5.4 系列或 5.2 系列，即以中间体为标准，当身高增加或减少 5cm，净胸围则增加或减少 4cm，净腰围增加或减少 4cm 或 2cm。

服装号型是成衣规格制定的基础，根据服装号型的标准规定控制部位数值，根据服装的款式特点，设定适当的放松量，进行服装成品规格设计。因此，控制部位数值是服装规格设计的主要依据。控制部位数值是人体主要部位的数值（净体数值），长度方面有身高、颈椎点高、坐姿颈椎点高、腰围高、全臂长；围度方向有胸围、腰围、臀围、颈围以及总肩宽。控制部位表的功能和通用的国际标准参考尺寸相同。以下为女子号型系列控制部位数值，如表 1-7~表 1-10 所示。

表 1-7　女子 5.4/5.2 Y 号型系列控制部位数值

单位：cm

部位	数 值								
身高	145	150	155	160	165	170	175		
颈椎点高	124	128	132	136	140	144	148		
坐姿颈椎点高	56.5	58.5	60.5	62.5	64.5	66.5	68.5		
全臂长	46	47.5	49	50.5	52	53.5	55		
腰围高	89	92	95	98	101	104	107		
胸围	72	76	80	84	88	92	96		
颈围	31	31.8	32.6	33.4	34.2	35	35.8		
总肩宽	37	38	39	40	41	42	43		
腰围	50	52	54	56	58	60	62	64	66	68	70	72	74	76
臀围	77.4	79.2	81	82.8	84.6	86.4	88.2	90	91.8	93.6	95.4	97.2	99	100.8
背长	35	36	37	38	39	40	41		

第四节　女装号型规格标准

表 1-8　女子 5.4/5.2 A 号型系列控制部位数值

单位：cm

部位	数值																				
身高	145			150			155			160			165			170			175		
颈椎点高	124			128			132			136			140			144			148		
坐姿颈椎点高	56.5			58.5			60.5			62.5			64.5			66.5			68.5		
全臂长	46			47.5			49			50			52			53.5			55		
腰围高	89			92			95			98			101			104			107		
胸围	72			76			80			84			88			92			96		
颈围	31.2			32			32.8			33.6			34.4			35.2			36		
总肩宽	36.4			37.4			38.4			39.4			40.4			41.4			42.4		
腰围	54	56	58	58	60	62	62	64	66	66	68	70	70	72	74	74	76	78	78	80	82
臀围	77.4	79.2	81	81	82.8	84.6	84.6	86.4	88.2	88.2	90	91.8	91.8	93.6	95.4	95.4	97.2	99	99	100.8	102.6
背长	35			36			37			38			39			40			41		

表1-9 女子5.4/5.2 B号型系列控制部位数值

单位：cm

部位	数 值											
身高	145	150	155	160	165	170	175					
颈椎点高	124.5	128	132	136	140	144	148					
坐姿颈椎点高	57	59	61	63	65	67	69					
全臂长	46	47.5	49	50	52	53.5	55					
腰围高	89	92	95	98	101	104	107					
胸围	68	72	76	80	84	88	92	96	100	104		
颈围	30.6	31.4	32.2	33	33.8	34.6	35.4	36.2	35.4	36		
总肩宽	34.8	35.8	36.8	37.8	38.8	39.8	40.8	41.8	42.8	43.8		
腰围	56	58	60	62	64	66	68	70	72	74	76	78	80	82	84	86	88	90	92	94
臀围	78.4	80	81.6	83.2	84.8	86.4	88	89.6	91.2	92.8	94.4	96	97.6	99.2	100.8	102.4	104	105.6	107.2	108.8
背长	35.5	36.5	37.5	38.5	39.5	40.5	41.5					

表 1-10 女子 5.4/5.2 C 号型系列控制部位数值　　　　　　　　　　　单位：cm

部位	数 值							
身高	145	150	155	160	165	170	175	
颈椎点高	124.5	128.5	132.5	136.5	140.5	144.5	148.5	
坐姿颈椎点高	57	59	61	63	65	67	69	
全臂长	46	47.5	49	50.5	52	53.5	55	
腰围高	89	92	95	98	101	104	107	
胸围	68	72	76	80	84	88	92	96	100	104	108
颈围	30.8	31.6	32.4	33.2	34	34.8	35.6	36.4	37.2	38	38.8
总肩宽	34.2	35.2	36.2	37.2	38.2	39.2	40.2	41.2	42.4	43.2	44.2
腰围	60	62	64	66	68	70	72	74	76	78	80	82	84	86	88	90	92	94	96	98	100	102
臀围	78.4	80	81.6	83.2	84.8	86.4	88	89.6	91.2	92.8	94.4	96	97.6	99.2	100.8	102.4	104	105.6	107.2	108.8	110.4	112
背长	35.5	36.5	37.5	38.5	39.5	40.5	41.5	

第五节　服装结构设计工具

服装结构设计工具即制图工具。一般分为结构制图工具和样板制作工具，了解和掌握每种工具的功能及使用方法，对于提高制图和制板水平是十分必要的。

一、工作台

工作台是指服装设计者专用的桌子，不是车间用于裁剪的台子，而是制板和裁剪单件服装时用的，即制样衣台面。桌面要平，大小以长120cm、宽90cm、高80cm为宜。总之，工作台要有容纳整张打板纸的面积。

二、纸

服装样板用纸应有一定的强度和厚度，因为服装裁片前的样板应是标准化和规范化的生产样板。强度能降低反复使用的损耗，厚度则保证纸样多次复描时的准确。现今，运用最多的样板纸是牛皮纸、卡纸和拷贝纸。

(1)牛皮纸：一般作为打板辅助用纸，用于画1:1的裁剪图、制作纸样等。

(2)卡纸：一面灰色且粗糙，一面白色，价格较便宜；白色且两面均光滑的白卡纸价格较贵，一般用于生产用样板的制作。

(3)拷贝纸：用于拷贝弧线及剪切的纸样部分等。

(4)记录纸(本)：记录制图的规格尺寸。

三、笔

(1)铅笔：要用在绘图上，因此要使用专门的绘图铅笔，常用的型号有2H、H、HB、B和2B。绘制1:1的样板时，基础线选用H或HB型，结构线选用2B型。在缩小制图时，基础线可用H型或2H型，结构线用HB型。

(2)记号笔：在绘制1:1的样板时，用记号笔做标记、纱向符号、文字说明和规格号型说明等。

(3)针管笔：用于企业技术资料的保存，因为碳素墨水绘制资料图保存时间较长。一般我们常用的针管笔有0.3mm、0.6mm、0.9mm三种型号，在缩小制图中分别用于基础线、尺寸标注和结构线的绘制。

(4)蜡笔：有多种颜色，笔芯是蜡质，主要用于特殊标记的复制，如将纸样中的袋位、省尖等复制到布料上。

(5)划粉：主要用于把纸样复制到布料上。

四、尺

常用的尺有直尺、比例尺、三角尺、软卷尺和曲线尺。

用有机玻璃制成的直尺最佳，这样制图线可以不被遮挡。常用的直尺有 20cm、30cm、50cm、100cm 等长度。比例尺主要用在纸样设计缩图和笔记练习上，它可节省时间和纸张，常用 1∶5 规格的比例尺。用有机玻璃制成的三角尺效果最佳。软卷尺必须带有刻度，长度一般为 150cm，主要用于量体和制样中弧长的测量等用途。此外，曲线尺是帮助初学者完成曲线绘制的工具，例如袖笼弧线、领口曲线和下摆线等。在等比例纸样绘制中，不应依赖曲线尺，操作者应使用直尺，依据设计者的理解及想象的造型完成曲线部分，这是服装设计者的基本功。

五、剪刀

剪刀应选择缝纫专用的剪刀，是服装裁剪必备的工具。有 24cm、28cm、30cm 等规格。剪纸和剪布的剪刀要分开使用，特别是剪布料的剪刀要专用。

六、其他

除上述工具以外，还有圆规、锥子、打孔器、描线器、透明胶带、大头针、人台等。这些工具在工业纸样的绘制中不能缺少。

第二章 新文化式女上装原型应用分析

第一节 新文化式女上装原型构成

服装结构设计是以人体为本，在原型基础上进行的，是制图的辅助工具。原型则是按照人体的体型特点，通过人体表面展开法，直观了解人体曲面展平的形状，通过对展平图的合理简化，组成人体曲面的基本结构，这种基本结构形式就是原型。由于人体年龄、体型的差异，通常有成人女子原型、成人男子原型、儿童原型等不同种类。按照人体体块划分，有上衣原型、裙子原型、裤子原型。其中上衣原型的衣片可分为衣身原型和袖子原型。在结构设计中，根据不同服装款式的规格，只需要制作中间标准体的原型，再进行服装结构变化制图，制作样板。其他号型样板可以运用推板技术进行放大或缩小来获得。

一、女装原型构成的方法

原型样板是进行服装结构设计的基础，也是服装设计师把握服装造型向结构设计过渡的媒介和基本手段。通常采用立体裁剪法与公式计算法方式，制作出准确、规范的各种原型。通过掌握原型样板的运用技巧，运用服装结构设计的原理，才能随心所欲地对各种服装款式进行结构变化制图。

（一）立体裁剪法

立体裁剪法，即依据人体原始状态的基本形状，采用立体裁剪的方法直接在人体或标准人台上获得原型样板。立体裁剪法简单、直观，能使初学者较容易理解人体与服装之间的关系，其在操作时需控制好人体各关键部位的基本松量，才能较容易地取得适宜的原型纸样。

（二）公式计算法

公式计算法，即通过大量立体裁剪实验而获得的基本衣片样本，同时测量样本的关键部位，取得平均值，再与胸围尺寸进行比对，得到各部位与胸围相互关联的公式而获得的原型样板。其目的在于简化制图、运算方便，通过胸围尺寸和必要的长度尺寸，即可绘制衣片。如日本文化式女装原型就是采用胸围为基础的公式计算法。以标准人体的背长、净胸围、净腰围、袖长部位尺寸为基础，根据人体变化规律以及胸围的尺寸，进行数理统计推出计算公式，经过试穿和反复修正，使其适应一般标准人体结构状态，最终在成衣制板中应用。由于中国人体型与日本人体型较为接近，而且日本文化式创立较早，经过多次修订，体系较为成熟，因此我们可直接借用。

二、新文化式女上装原型各部位名称

日本新文化式女装原型（简称新原型）是在旧文化式女装原型的基础上，结合年轻人体型更丰满、曲线更优美的特点优化而来的，在理解与应用上更加方便。新文化式女装原型是箱型，胸省量和前后腰节差在旧原型基础上明显增大，符合现代女性体型。另外，腰省更加合理，与人体间隙均匀，便于特殊体型的修正。新原型与旧原型一样，以净胸围尺寸为基准进行绘制，利用胸围和背长尺寸进行制图，同时以右半身作为参考，制作时需加放基本的放松量，即呼吸量和人体基本活动量。其各部位名称如图2-1所示。

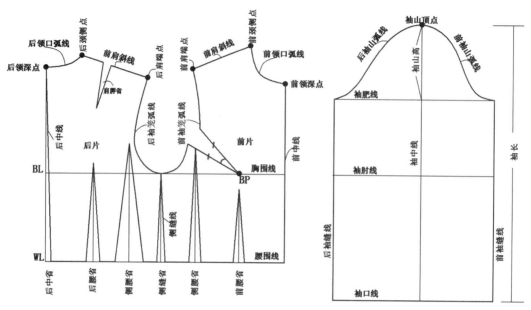

图2-1 新文化原型各部位名称

三、新文化式女装原型制图方法

以号型160/84A为例,介绍日本新文化式上衣原型的结构制图方法。其规格如表2-1所示。

表2-1　日本新文化式女装原型规格尺寸表　单位:cm

号/型	部位名称	胸围	背长	袖长
160/84A	净体尺寸	84	38	52(臂长)
	加放松量	12	0	2
	成品尺寸	96	38	54

注意:绘制袖子原型所需袖长尺寸,按照号型160/84A的人体尺寸,臂长52cm(指肩端点通过手肘点至手腕凸点的长度),此原型成品袖长=臂长+2cm=54cm。

(一)衣身原型绘制方法与步骤

1. 绘制衣身原型基础线(见图2-2)

(1)绘制垂直线(背长):以a点为后颈点,向下画垂直线,取背长38cm作为后中心线。

(2)绘制腰围水平线(WL),并确定前后身宽(前后中心线之间的宽度)为B/2+6cm(松量)。

(3)绘制胸围线(BL),从a点向下取B/12+13.7cm确定胸围水平线(BL),并在BL线上取身宽B/2+6.2cm。

(4)绘制前中心线:垂直于WL线,经过BL线交点向上延长B/5+8.3cm确定b点,即可画出前中辅助线。

(5)绘制背宽线:在BL线上,由后中线向前中心方向取背宽B/8+7.4cm,确定c点,向上画背宽垂直线,经a点画水平线与背宽线相交。

(6)绘制胸宽线:在BL线上,由前中心线向后中心线方向取胸宽B/8+6.2cm点,作垂直线与前中线上b点齐平,并以此点绘制水平线与b点相交。

(7)确定肩胛骨位置线:由a点向下取8cm,绘制一条水平线与背宽线交于d点,即可确定肩胛骨位置线。

(8)绘制辅助线:将c点与d点之间的中点向下移动0.5cm取点,过此点画水平线g'线。在BL线上,沿胸宽线向侧缝方向取B/32作为f点,由f点向上作垂直线,与g'线相交得到g点。

(9)绘制侧缝线:找到cf线段的中点,过中点作垂直侧缝线相交于腰节线上。

2. 绘制衣身轮廓线

(1)绘制前领口弧线与前肩斜线(见图2-3)。

①绘制前领口弧线,由b点沿水平线取B/24+3.4cm=#(前领口宽),得前颈侧点(SNP点);由b点沿前中心线取#+0.5cm(前领口深),画领口矩形,依据对角线上的参考点画顺前领口弧线。

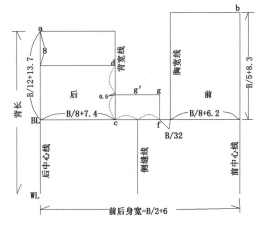

图2-2 衣身原型基础线绘制

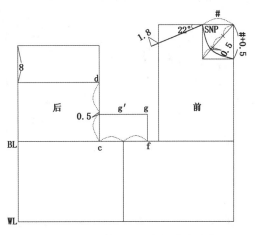

图2-3 绘制前领口弧线与前肩斜线

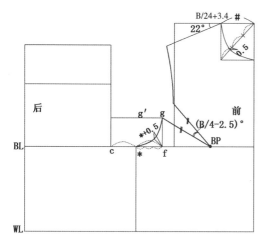

图 2-4 绘制胸省与前片袖笼弧线

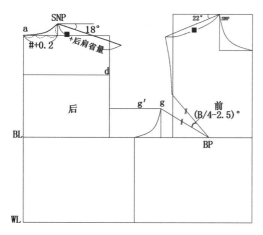

图 2-5 绘制后领口弧线与后肩斜线

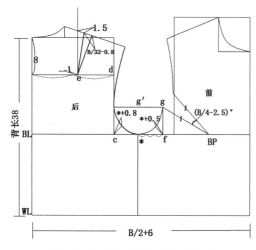

图 2-6 绘制肩胛省与后袖笼弧线

②绘制前肩斜线,以前颈侧点(SNP点)为基准点取22°的前肩倾斜角度,与胸宽线相交后延长1.8cm形成前肩宽度■。

(2)绘制胸省与前片袖笼弧线(见图2-4)。

①标出BP点:在BL线胸宽中点的位置向后中心线方向取0.7cm作为BP点。

②绘制胸省,连接g点语言BP点,顺时针方向绘出(B/4-2.5)°的夹角作为胸省量,两边省线相等。

③绘制前袖笼弧线:由f点作45°倾斜线,在线上取*+0.5cm作为前袖笼参考点,经袖笼深点、前袖笼参考点和g点,绘制前袖笼弧线下半部分,并使之圆顺;通过胸省省长的位置点与肩端点画前袖笼弧线上半部分,注意胸省合并时,袖笼弧线应保持圆顺。

(3)绘制后领口弧线与后肩斜线(见图2-5)。

①绘制后领口弧线,由a点沿水平线取#+0.2cm(后领口宽),取其1/3作为后领口深的垂直线长度,并确定后肩颈点(SNP点),画顺后领口弧线。

②绘制后肩斜线,以SNP为基准点取18°的后肩倾斜角度,在此斜线上取■+后肩省(B/32-0.8cm)作为后肩长度。

(4)绘制肩胛省与后片袖笼弧线(见图2-6)。

①绘制肩胛省省尖点位置:将后中线至d点之间线段的中点向背宽线方向取1cm确定e点,作为肩胛省省尖点。

②绘制后肩省,过e点向上作垂直线与肩线相交,由交点位置向肩端点方向取1.5cm作为省道的起始点,并取B/32-0.8cm作为省道大小,连接省道线。

③绘制后袖笼弧线,由c点作45°倾斜线,在线上取*+0.8cm作为后袖笼参考点,以背宽线作袖笼弧线的切线,从后肩端点向下经过后袖笼参考点,画后袖笼弧线并使之圆顺。

3. 衣身原型腰省分配

腰省量和各个省量相对于总省量的比率进行计算。新文化原型腰省有 6 个，分别以 A、B、C、D、E、F 代称，将胸腰差的一半按照一定比例放在这些腰省当中。原型胸围放松量为 12cm，腰围的放松量为 6cm，腰省总省量计算方法 =（B/2+6cm）-（w/2+3cm）总省量百分比参见表 2-10。从表中可以看出胸围相同，腰围越小，胸腰差就越大，腰省就越多。如按文化原型 160/84A 规格：（胸围 84cm/2+6cm）-（腰围 64cm/2+3cm）= 13cm，即腰省总省量为 13cm，其省量分别按表 2-2 格所示按比例分配到腰部不同位置。

表 2-2　　　　　　　　　腰省分配比例对照表　　　　　　　　单位：cm

总省量 (100%)	A 省 (14%)	B 省 (15%)	C 省 (11%)	D 省 (35%)	E 省 (18%)	F 省 (7%)
9	1.260	1.350	0.990	3.150	1.620	0.630
10	1.400	1.500	1.100	3.500	1.800	0.700
11	1.540	1.650	1.210	3.850	1.980	0.770
12	1.680	1.800	1.320	4.200	2.160	0.840
13	1.820	1.850	1.430	4.550	2.340	0.910
14	1.960	2.100	1.540	4.900	2.520	0.980
15	2.100	2.250	1.650	5.250	2.700	1.050
16	2.240	2.400	1.760	5.600	2.880	1.120

绘制腰省的计算方法及放置位置如图 2-7 所示：

(1) A 省（前腰省）：由 BP 点向下 2cm~3cm 作为省尖点，并向下作 WL 线的垂直线，作为省道的中心线，A 省占总省量的 14%。

(2) B 省（前侧腰省）：由 F 点向前中心线方向取 1.5cm 作垂直线与 WL 相交，作为省道的中心线，B 省占总省量的 15%。

(3) C 省（侧缝省）：将侧缝线作为省道的中心线，C 省占总省量的 11%。

(4) D 省（后侧腰省）：参考 G 线的高度，由背宽线向后中心线方向取 1cm，由该点向下作垂直线交于 WL 线，作为省道的中心线，d 省占总省量的 35%。

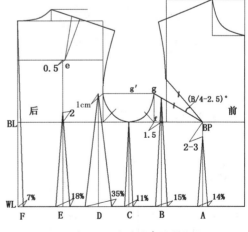

图 2-7　原型腰身绘制

(5) E省(后腰省):由E点向后中心线方向取0.5cm,通过该点作WL的垂直线,作为省道的中心线,e省占总省量的18%。

(6) F省(后中省):将后中心线作为省道的中心线,F省占总省量的7%。

(二)袖子原型绘制方法与步骤

在绘制原型袖之前,首先将前袖笼弧线变成一个整体。方法:将前中心线与袖笼深线交点至BP点线段剪开,前片袖笼上的胸凸省以BP点为基点,将省闭合转移至前中线处,使前后袖笼部分进行修正成型,画圆顺。

1. 袖山高的确定(见图2-8)

(1) 将原型侧缝线垂直向上延长。在前后肩点作平行线与侧缝线的垂直延长线相交,将其间形成的线段平分,确立一个点。

将确立点至胸围线的垂直线段平分六等分,取其中5/6线段长作为袖原型的袖山高,以此确定袖山高点。

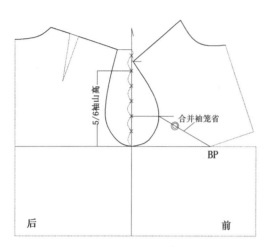

图2-8 袖子原型袖山高的绘制

2. 绘制袖子原型基础线(见图2-9)

(1) 从袖山高点向下量57cm(袖长)确立袖中线并绘制下平线。

(2) 从袖山高点以前袖笼弧线(前AH)长相交于胸围线上,以此确立前袖肥大,从袖山高点以后袖笼弧线(后AH+1cm)长相交于胸围横线,以此确立后袖肥大。

(3) 分别以前后袖肥大点向下绘制前后袖缝线,使之与下平线相交。

(4) 从袖山高点至下平线中点向下2.5cm,即袖长/2+2.5cm的长度,绘制袖肘线EL。袖原型基础线完成。

3. 绘制袖山弧线(见图2-10)

(1) 将衣身原型胸围线cf线段上两边各取*,并绘制垂线相交于衣身原型o点与h点上。

(2) 在袖肥线两边各取2等分*作垂线,相交于oo′与hh′水平线上,点o′与点h′为前后袖笼

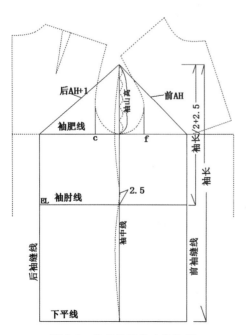

图2-9 袖子原型基础线绘制

弧线底部对位点，同时将衣身袖笼弧线上 oh 之间的弧线拷贝至袖原型基础线上，作为袖山底部弧线。

（3）在袖中线与袖肥线交点向上取袖山高的 2/5 交点，作水平线相交于前后两斜线上交点上下各 1cm 设置辅助点。

（4）在袖山斜线上，沿袖山顶点向两边各取 AH/4 线段长，同时分别作辅助垂线 1.8cm～1.9cm 和 1.9cm～2cm，设置辅助点。

（5）从袖山高点分别向下，以上述辅助点为基点画前后袖山弧线。

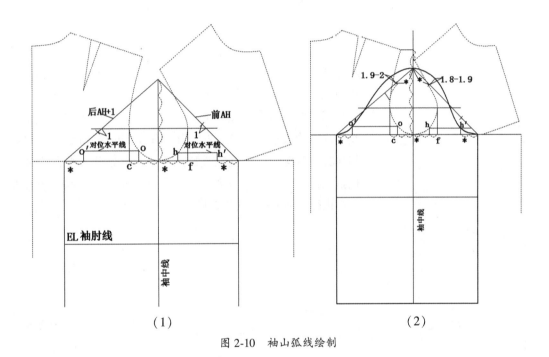

图 2-10　袖山弧线绘制

四、新文化式原型样板制作

通过原型样板，巧妙地避开传统比例裁剪针对款式、特定复杂人体的直接计算，直接将标准体原型过渡到实际人体及具体款式设计中，这种研究角度的选择，不仅为服装结构设计理论的形成带来了很大的方便，也为科学化、标准化打下了基础。本书将以此新文化式原型样板，通过对女上装款式设计应用实例讲解，使学习者较快地掌握这一实用而又科学的服装纸样设计方法。

第二节　新文化式女装原型修正

原型样板画好后,不能立即裁剪,必须对前后片的领口、袖笼、肩线等处进行修正。新文化式原型在应用之前要根据款式造型的需要对衣身原型省量进行设计,其部位同样需要调整与修正。

一、衣身原型的修正

将衣身和袖子的结构图按轮廓线裁剪取得原型纸样,得到日本文化式女上装原型样板,标出原型裁片名称、纱向、打剪口、打孔等,此时标准原型样板制作完成。注意,由于原型是在平面结构设计中使用的基本纸样,不带任何款式变化因素,运用原型可以直观地变化出多种多样的结构形式,针对不同款式特点,灵活调节胸围、腰围大小及胸省、腰省及肩胛省的大小与位置,在使用原型时,一般情况下,胸省与肩胛省需保留,根据款式特点进行分散处理。腰省则可根据款式特点,在原型基础上调整腰省量大小,也可根据款式特点进行灵活分配(见图2-11)。

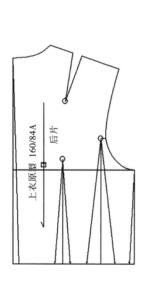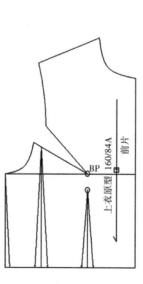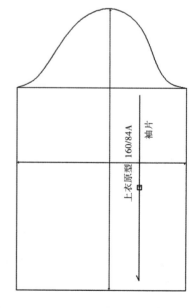

图2-11　新文化原型样板

（1）原型肩线的修正。原型中省进行闭合状态连接后，会出现凹进去的现象，为了便于作图，需要将后肩线修正成直线状态，其方法与步骤如下（见图2-12）。

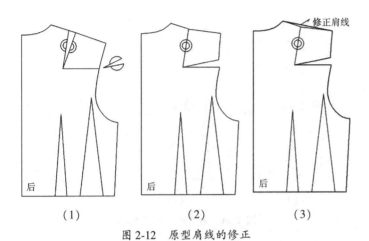

图2-12　原型肩线的修正

（2）原型正前后领口弧线与袖笼弧线修正。原型前、后片肩缝重合，分别将颈侧点和肩端点相对，修正前后领口弧线与袖笼弧线（见图2-13）。

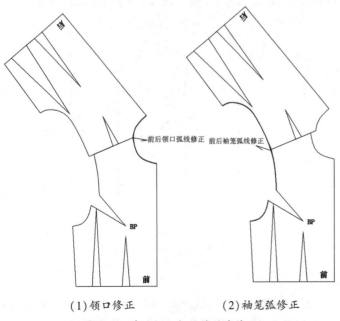

（1）领口修正　　（2）袖笼弧修正

图2-13　前后领口与袖笼弧线修正

(3)前片袖笼弧线修正。将原型袖笼弧线上的省转移至前中，袖笼省闭合后会出现不圆顺的情况，省闭合后需要将袖笼弧线进行修正，其方法与步骤如下（见图2-14）。

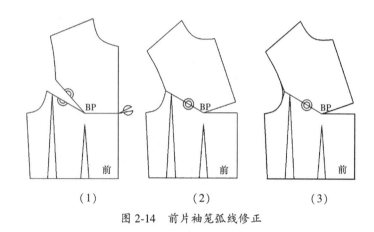

图2-14　前片袖笼弧线修正

(4)省道修正。前片原型中除了腰省还有胸省，胸省和胸省下方的侧腰省无论放在哪个位置，只需要将省尖指向胸点方向，胸部的立体造型就不会改变。而胸宽线下腰省通常可作为松量处理或与将此省闭合，转移至袖笼，此时修正袖笼省边线，再修正腰围线，其方法与步骤如下（见图2-15）。

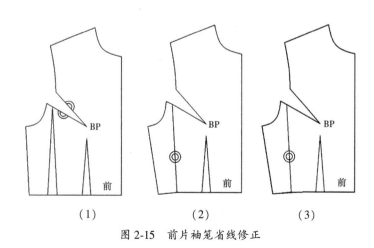

图2-15　前片袖笼省线修正

(5)袖笼弧线与腰围线修正。腰部合体并将胸省与腰省量闭合，再剪开肩部结构线时，需修正袖笼弧线与腰围线，其方法与步骤如下(见图2-16)。

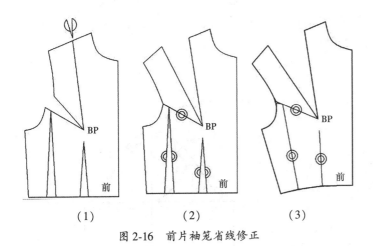

图2-16　前片袖笼省线修正

（6）原型后片袖笼弧线修正。腰省可根据款式需要进行左右调整位置，如腰部合体设计时，可将腋点下腰省闭合，省尖连接至袖笼弧线上的结构线展开，腰线呈下弧状态，最后修正袖笼弧线，其方法与步骤如下(见图2-17)。

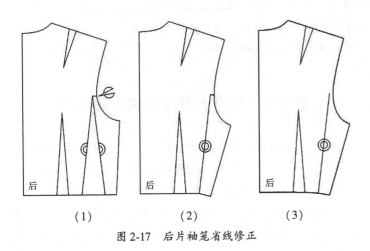

图2-17　后片袖笼省线修正

二、袖子原型曲线的修正

袖子原型绘制完成后，根据对位线，核对前后袖笼弧线与袖山弧线的对位记号，确认袖山弧线是否圆顺，凹凸顺畅，且前袖笼底部弧挖量大于后袖笼底部。以袖中线为准，将袖子向内对折，使袖侧缝对合，在对合位置，检查衣身袖笼底和袖山曲线的吻合，修正袖山曲线使其圆顺（见图2-18）。

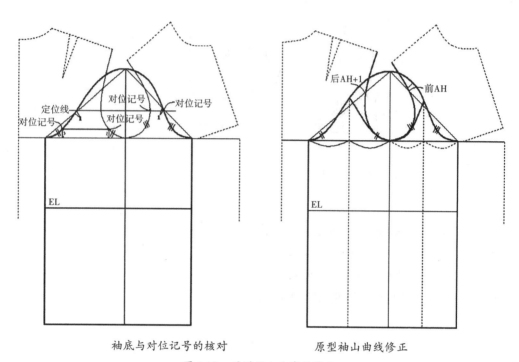

图 2-18 原型袖山曲线的修正

第三节　原型衣身浮余量应用方法

新文化式女装原型为箱型原型，其胸围线与腰围线处于平衡状态，因此不需要考虑前后腰节线是否在同一水平线上。衣身的平衡是指服装在穿着状态下，前后衣身在胸围线以上部位能保持合体、平整，衣身表面无因造型需要而出现的皱褶，关键在于如何消除前后浮余量。其中前衣身主要解决胸围线以上的浮余量，即胸省量，后衣身主要解决肩胛骨线以上的浮余量，即肩胛省量，根据款式造型特点与体型特征，可采取不同方法将浮余量进行分解。掌握衣身浮余量消除方法及胸围的放松量与其他部位尺寸的关系是决定服装的形态与人体准确吻合程度，衡量服装款式设计及服装结构设计合理性、评价服装美感与确定服装质量的重要依据。

一、前衣身浮余量应用方法

新文化式原型前浮余量(胸省量)的设置是适应女性人体胸部凸出的需要，是合体类原型。其浮余量(胸省量)设在袖笼弧线上，大小为$(B/4-2.5)°$，闭合胸省后，原型的胸部形态较立体。将前浮余量对准胸高点，即 BP 点，如图 2-19 所示，保持前中心呈垂直状，胸围腰围水平，将浮余量在前中心、领口、肩部、袖笼、腋下、腰部或其他部位，以省道、褶、分割线等形式进行分解。

(一)全部浮余量转化为胸省应用

在新文化原型中，将全部浮余量转化为胸省，通常是胸部较丰满且服装款式非常合体或无袖贴身类上衣时采用的方法。另外，在进行结构设计时，将前浮余量全部采用集中处理的方式，如通过收省、功能性分割线、抽褶、折裥等。如图 2-20 所示，将胸部全部浮余量转至腋下侧缝、结构线处备用或作为立体省形式处理。

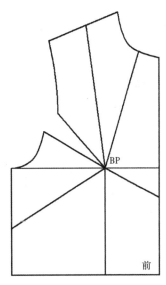

图 2-19　前浮余量分解示意图(A)

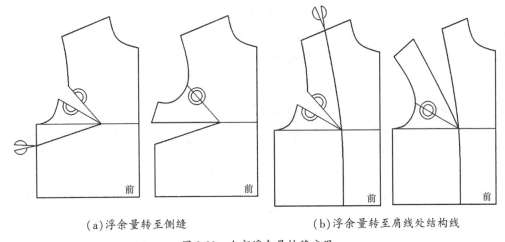

(a)浮余量转至侧缝　　　(b)浮余量转至肩线处结构线

图 2-20　全部浮余量转移应用

(二)部分浮余量应用

根据服装的合体程度有不同消除前后浮余量的方法，而使用胸省的大小及所需要的总体松量，是反映胸部造型是否合体与宽松的关键，应用时除衣身非常合体的情况外，一般

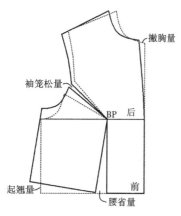

图 2-21 前衣身浮余量分解示意图（B）

不会全部使用，更多的时候会保留一部分在袖笼中，其分解方法是解决衣身整体结构平衡的关键。如图 2-21 所示，前衣身浮余量分解主要有以下三个部分，即撇胸量、袖笼松量和腰省量或起翘量，根据款式特点进行不同方式的转换。

常见有以下几种形式：

1. 部分浮余量转化为撇胸量应用

撇胸是在运用原型时，如图 2-22（a）所示，将袖笼处浮余量转移一部分量到前中心线领口处，或如图 2-22（b）所示，在领口处打开一定的量，在领口处画引导线至 BP 点，并从领口处剪开，如图 2-22（c）所示，闭合袖笼处部分胸省作为撇胸，其作用是增加前中线长度，以符合人体胸部曲面造型，使前领口服帖，并突出胸部的丰满，一般撇胸量为 0.5cm～1.5cm，多用于合体型翻驳领结构设计中。

撇胸量处理非常灵活，当前片收肩省、领省时，撇胸量可以与省融为一体，因为肩省、领省距前中心线较近，完全可使前中心处起到平服的作用。如果在其他部位收省，省量较大时，也不必再加撇胸。而当其他部分收省较小时，前中心线处仍会出现浮离部分，此时必须要加撇胸，这是将浮余量分两部分解决，对胸部造型的美观更有利，因此，宽松的服装均不需加撇胸，撇胸的设计对于合体型服装且胸部丰满者尤为重要。

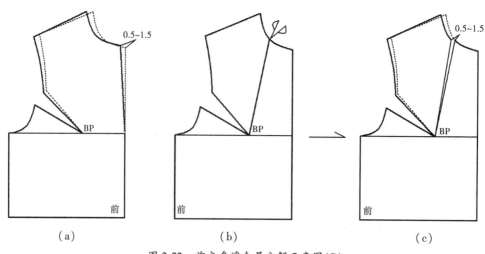

图 2-22 前衣身浮余量分解示意图（B）

另外，对于较宽松或宽松的款式，可根据领型变化不同，将原型袖笼处浮余量转移至领口，即在领口处打开0.5cm～1cm作为领口松量，剩余浮余量则依据款式特点进行分散处理。

2. 部分浮余量转化为胸省应用

原型前浮余量转化不是全部省量进行转移，而是根据款式特点，将原型省量部分闭合，转移出另一部分省量，这是对于合体型上衣采用的设计方法。如将原型中胸凸量，即浮余量为4/4，那么将浮余量进行分散处理时，袖笼处保留1/4，领口处1/4，余下2/4的量则转移至腋下作为省量处理。部分浮余量转化为胸省常见的有以下几种：

(1) 3/4浮余量转化为胸省。

如图2-23所示，在侧缝及领口处绘制引导线，将领口处引导线剪开0.5cm～1.5cm作为撇胸，同时闭合袖笼处部分胸凸量，剩余浮余量的3/4转化为腋下省，1/4浮余量作为袖笼松量，这种情况一般在合体型上衣或套装中用得较多，如连衣裙、旗袍、套装和合体夹克等。

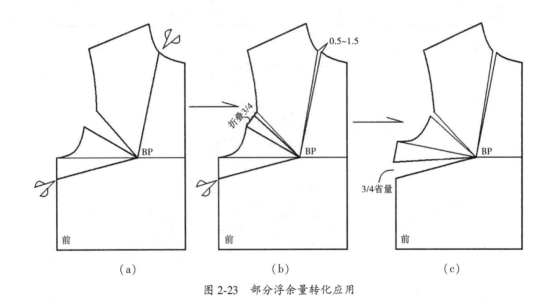

图2-23 部分浮余量转化应用

(2) 2/3浮余量转化为胸省。

如图2-24所示，在领口处打开0.5cm～1cm的量，余下胸省的1/3作为袖笼的松量，剩余浮余量的2/3转化为肩省或腋下等处备用或结构线内作立体省处理。此处理方法一般适用于较合体大衣、套装、风衣等。

(3) 1/2 浮余量转化为胸省。

如图 2-25 所示，在领口处打开 0.5cm~1.5cm 的量，余下 1/2 浮余量作为袖笼的松量，剩余 1/2 的浮余量转移至腋下侧缝线处备用或结构线内作立体省处理。此处理方法适用于一般较合体大衣、风衣或较宽松套装等。

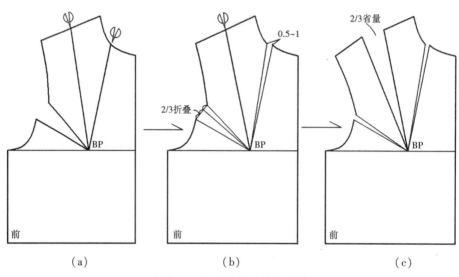

图 2-24 部分浮余量转化应用

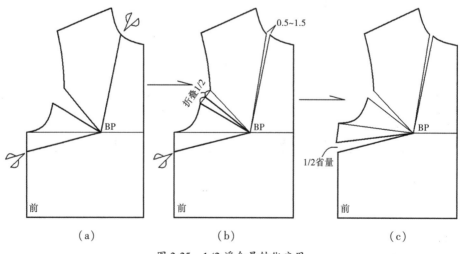

图 2-25 1/2 浮余量转化应用

(4)1/3 浮余量转化为胸省。

如图 2-26 所示，在领口处打开 0.5cm~1.5cm 的量，将胸凸省 2/3 作为袖笼的松量，剩余 1/3 的浮余量转移至腋下侧缝线处备用或结构线内作立体省处理。此处理方法一般适用于宽松型大衣、风衣或宽松套装等。

(三)浮余量下放转移至腰节应用

如图 2-27 所示，将前衣片 3/4 浮余量下放转移至腰节上，腰节线和底边线产生起翘量，剩余部分浮余量作为袖笼宽松量，这种情况一般在 A 型类服装宽松中较多使用。

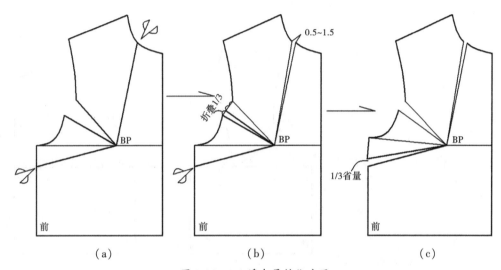

图 2-26　1/3 浮余量转化应用

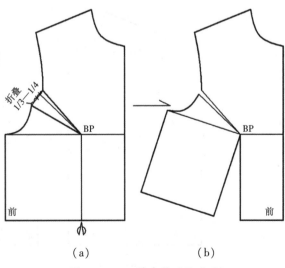

图 2-27　3/4 浮余量下放应用

(四)全部浮余量转化为松量应用

对于宽松或非常宽松类上衣浮余量应用时,通常将原型的胸凸省全部保留在袖笼处或部分保留在袖笼处,剩余部分移至领口作为松量的处理方式。如图2-28所示,在领口处打开1/4的量,余下3/4浮余量保留在袖笼处作为松量。如图2-29所示,原型袖笼处胸凸省即为全部浮余量。当全部浮余量保留在袖笼处时,需要重新绘制圆顺的袖笼弧线,以上两种处理方法一般适用于宽松型服装或无胸省结构的宽松服装款式中,如宽松大衣、风衣、运动装等。

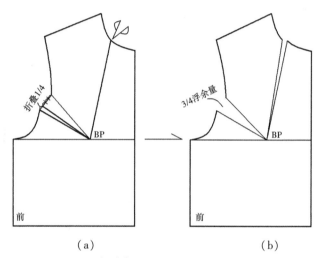

图 2-28 全部浮余量转化为袖笼与领口松量应用

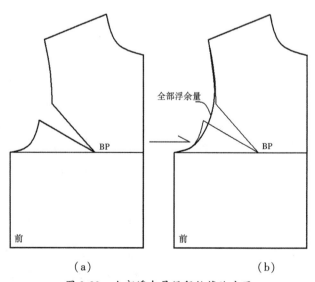

图 2-29 全部浮余量保留袖笼处应用

二、后浮余量分解方法

新原型后肩斜设定18°,后肩省的设置是适应人体肩胛骨突出的需要,立体成型后符合人体肩部的状态。后浮余量的消除与衣身整体结构平衡无关,只关系到后衣片的局部平衡。如图2-30所示,将后浮余量对准肩胛处凸点,保持后中心呈垂直状,将浮余量在后中心、领口、肩部或其他部位以省道、分割线、抽褶、折裥等方式处理,进行全方位平衡后浮余量。其常见处理方式有以下几种:

(一)后浮余量全部转化为省道应用

如图2-31所示,(a)为原型肩胛省,即后片肩部浮余量,作为全省直接应用方式。(b)将后片浮余量转移至领口应用。(c)将后片浮余量转移至袖笼,在育克分割线中去掉。(d)将肩胛省全部转移至纵向分割线中。以上完全使用后肩省适合合身廓型。

(二)部分后浮余量应用方法

如图2-32所示,将肩胛省1/2或1/3浮余量闭合转移至袖笼处备用或直接作为袖笼处松量,肩部余量用缩缝的方法解决,这种情况较适合一般合体或较宽的服装廓型。

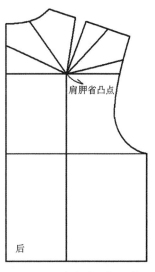

图2-30 后浮余量分解示意图

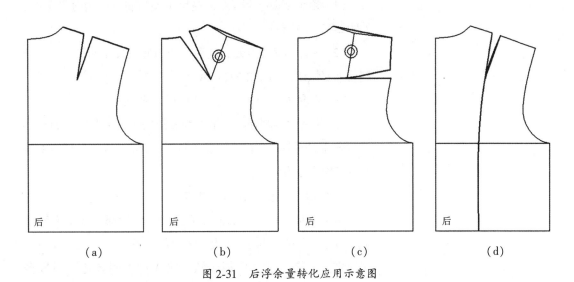

图2-31 后浮余量转化应用示意图

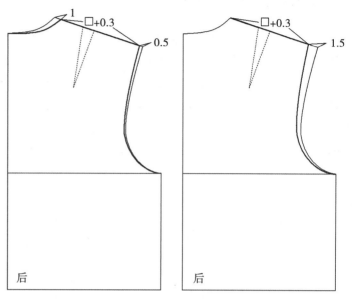

图 2-32 部分后浮余量应用

(三)通过肩缝调节肩部浮余量方法

当后衣片肩部没有分割线时,肩胛省可以有以下三种处理方式:

(1)将浮余量分为两部分在肩颈侧与肩端两边分别去掉,如图 2-33(a)所示。

(2)在后片肩端点处,向后中心方向去掉 1.5cm,重新绘制后袖笼弧线,如图 2-33(b)所示。

以上两种处理方式,最终使前后肩线一致。

(3)将后片肩胛处浮余量作为肩部松量,并在前片肩线上增加肩胛省同等浮余量,如图 2-33(c)所示。以上处理方法适合较宽松廓型设计。

(四)后浮余量下放转入腰节

如图 2-34 所示,将后衣片肩胛处浮余量部分或全部转移至腰节上,后中心呈垂直状,腰节线和底边线产生起翘量,这种情况通常与前片保持一致,在 A 型类服装造型中较多使用。

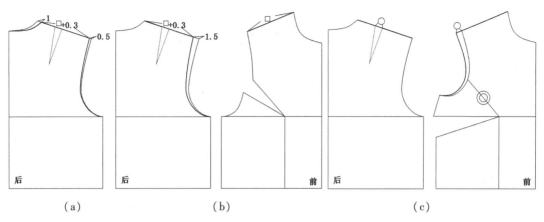

图 2-33 肩缝中调节肩部浮余量应用示意图

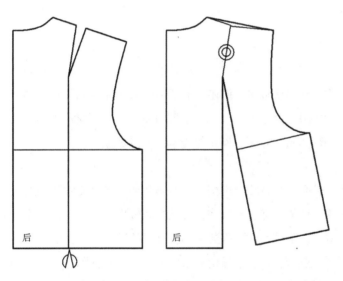

图 2-34 后浮余量下放应用

通过对新文化原型前后浮余量应用方法可知不同的服装款式，处理方式也各异，但不管采用何种处理方式，最终达到平衡是唯一的检验标准。通常情况下，较合体类服装前后浮余量大部分采用集中处理的方式，少部分采用分散处理方式，即前衣身通过撇胸、袖笼宽松、垫肩消除浮余量、前衣身下放等方式分散掉。较宽松类服装则与较合体类服装相反，大部分浮余量采用分散的处理方式，少部分浮余量采用集中处理的方式，宽松类服装前后浮余量通常是将大部分甚至全部保留在袖笼处作为松量的方式处理。

第四节　服装放松量与原型衣身结构处理

服装放松量即服装与人体之间的空隙量。"空隙量"是指服装与人体的空间距离，可分为基本空隙量和装饰性空隙量两种。基本空隙量属于功能性空隙量，用以保证人体呼吸自由、活动方便、透气保暖等基本的生理需求。装饰性空隙量没有限值，可以根据需要选择。此外，在确定空隙量时，还要考虑人体贴身内衣的厚度。在研究服装造型变化时，各部位空隙量的大小就成为控制服装造型的基本手段。在原型结构设计中，"追加松量"表示衣身原型除了限定的基本胸围松量之外，又另外加放的胸围松量，其大小根据款式造型的需要而定。收缩松量则表示减少衣身原型限定的基本胸围松量。胸围放松量的确定需考虑以下几个方面：

一、服装松量确定的主要依据

（一）人体生理与活动所需基本松量

服装设计要充分考虑人体生理机能，包括呼吸、血液循环以及最基本的活动对服装所需的放松量。如紧身型服装要突出人体曲线，放松量较少，但还是需要考虑人体呼吸和基本运动所需要的放松量，一般为 2cm~3cm，因此胸围基本放松量至少要预留 4cm，而对于臀围来说，人体站、坐、蹲等运动也要求服装至少预留 4cm 的松量，特别是无伸缩弹性的面料。

（二）人体与服装合体程度

根据合体程度，服装可分为合体、较合体与宽松等类型，合体服装要求尽量使服装贴近人体放松量较小，而含蓄表现人体的宽松、休闲、随意性服装，其放松量较大。在上衣结构设计中，胸围的松量是服装合体程度的关键，以胸围为例，服装胸围放松量的调整分为放松和缩小两种情况，增加放松量的处理是为了增大服装容量，从理论上来说增加量没有上限。而缩小的处理是减小服装容量，必须以人体的"净围度+基本放松量"作为减小底线。通常人体在进行工作、运动等各种活动时，服装为保证人体活动的舒适性与安全性而配置的松量，一般情况下，肥胖体形的服装放松量要稍小些、紧凑些，瘦体型的人放松量可大些，以调整体形上的缺陷。

（三）服装款式造型

决定放松量的最主要因素是服装的造型，服装的造型是指穿上衣服后的服装外部轮廓，它忽略了服装各局部的细节特征，作为直观形象出现在人们的视野里。体现服装廓型的最主要的因素就是肩、胸、腰、臀、臂及底摆的尺寸。不同板型其各部位的放松量是不同的，同一款式，不同的制版师打出的板型不同，最后的服装造型也千差万别。

（四）面料性能

服装面料的各种物理性能均会影响放松量的确定，面料的结构、厚度、密度及弹性的大小等对放松量影响很大。一般情况下，对于轻薄的面料，如丝、棉、化纤等织物，放松量可小些，麻、毛、丝、棉、化纤等中等厚度的织物放松量则稍大些；随着织物厚度的增加，其加放的余量也需相应增大。如棉袄、风衣、羽绒款的面料通常都有间棉，而间棉后面料平面就会出现凹凸不平，成衣量度尺寸时尺子是直拉量，所以间棉的线越多、棉的厚度越厚，那样面料的缩短就会越大，打版时放松量也相对加大。

当服装采用弹性织物时，放松量的确定应与织物的伸缩性能结合起来考虑，织物的弹性越大，其放松量可越小。对于伸缩性能较强的织物，因其弹性可完全抵消人体生理与运动所需的余量，故无须预留放松量；对于弹性极强的织物，根据服装的要求，其放松量可适当地采用负值，以达到特殊的穿着目的。如没有弹性的的面料，最紧身的连身裙子，其胸围放松量至少是4cm，但是如果采用弹性面料或针织面料，服装松量可以很小，甚至为零或小于净胸围，服装仍然既贴体又舒适，因此在结构设计时应特别注意面料的弹性情况。

二、不同种类的服装常用的松量

新文化式女装原型基本放松量为12cm，当在原型上进行收缩与追加放松量时，要根据不同类型的服装与面料的性能要求调整胸围松量，主要表现在合体、较合体、宽松与较宽松的主体结构分配上。因此，选择和设计总放松量是与服装的种类密切相关。由于服装面料品种繁多，性能各异，对于弹性面料，根据其弹力大小不同，松量也会随之调整。因此，总放松量参考数值并不是一成不变，而是根据不同季节与面料性能与合体性程度灵活运用的。以下表提供了日常女装中胸围总放松量的参考值，总放松量参考范围如表2-3所示：

表2-3　　　　　　　　　　日常女装胸围总放松量参考表　　　　　　　　　　单位：cm

款式分类	春夏季		春秋季		秋冬季	
面料类型	普通面料（薄、无弹性）	针织面料（薄、有弹性）	普通面料（中等厚度、无弹性）	针织面料（中等厚度、有弹性）	普通面料（厚、无弹性）	针织面料（厚、有弹性）
合体	4~6	-2~4	6~8	4~6	8~10	6~8
较合体	6~8	4~6	10~12	8~10	12~14	10~12
较宽松	10~14	8~14	14~18	12~16	16~20	14~18
宽松	16~20		20~24		22~30	

此表将面料分为无弹性面料与弹性面料两大类，厚度则根据季节分为薄面料、中等厚度面料与厚面料，根据合体程度可分为合体、较合体、宽松与较宽松廓形，总放松量参考值根据服装品种、式样和穿着用途，适当调整其放松量。以衬衫为例，在春夏季运用较薄面料制作衬衫，较合体款式胸围放松量可在6cm~8cm范围取值，在秋冬季选择较厚面料，且

和其他服装组合穿用的，内层服装和外套的空隙仍保持着一般衡定状态，虽增加了松量，也只是为了内层服装所占有的容量而设计，并非宽松量，此时校合体衬衫款式胸围放松量取值范围可在10cm～12cm左右范围。根据以上胸围总放松量参考范围，常见女装品类胸围放松量参考如表2-4所示：

表2-4　　　　　　　　　　常见女装品类胸围放松量加放参考表　　　　　　　　单位：cm

服装品类(普通面料)	胸围放松量
贴身衬衫、连衣裙、旗袍、礼服等	4～6
较合体衬衫、西服、连衣裙、上衣、夹克衫等	6～10
较宽松衬衫、连衣裙、合体套装、外套等	10～14
较合体套装、稍宽松衬衫、连衣裙、合体大衣等	14～18
宽松风衣、大衣外套、较宽松衬衫、夹克等	20～24以上

三、原型胸围放松量的分配方法

在运用文化式原型进行服装结构设计时，通常根据女装款式造型、面料及合体程度等需要对原型胸围基础上，进行追加松量或收缩量的设计。从功能上讲，人体活动的动作往往是向前运动，这就要求在增加放松量时，后衣身分配的松量比前衣身大；收缩时，后衣身收缩松量比前衣身小。从造型角度讲，一般希望前后的衣身平整，因此前后衣身放松量应以前后衣身侧缝为主，将松量隐蔽在两臂之间。从结构上看，加放松度增加越大，结构线越趋于平缓，直至完全成为直线结构；相反，加放松度越小，结构线越接近人体曲线，省的作用也越大。综上所述，可以确立胸围放松量的分配方法。

(一)上衣原型胸围放松量的分配

上衣原型胸围放松量分配应用于宽松型与较宽松型上衣。其分配方法有两种一种方法是在前后侧缝放量。适用于合体型、较宽松型上衣，放量原则为：后侧缝＞前侧缝，后侧缝：前侧缝＝1：0.5。另一种方法则是在前后中心及前后侧缝放量。适用于宽松型上衣。放量原则：后侧＞前侧＞后中≥前中，后侧缝：前侧缝：后中心：前中心＝1：0.5：0.25：0.25。当然，这些数据不是绝对的，可以根据设计进行调整。例如，服装胸围加放量在原型基础上再追加8cm，则半胸围加放量为4cm，按照此原则，本款追加的放量分别为：方法一：前后侧缝放量，如图2-35(a)即前侧缝放1.5cm，后侧缝放量2.5cm。方法二：前后中心与侧缝放量，如图2-35(b)即后侧缝放2cm，前侧缝放1cm，后中心与前中心分别放出0.5cm。

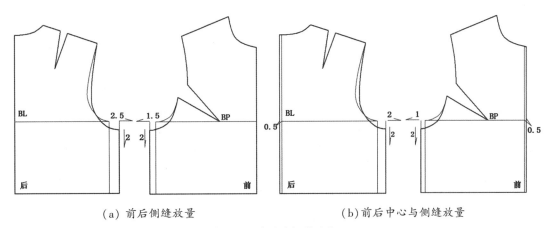

图 2-35　胸围放松量的分配

（二）上衣原型胸围收缩量的分配

上衣原型胸围收缩量主要应用于紧身型与合体型上衣，收缩量都是在前、后侧缝处进行，收量原则：前收量≥后收量，后侧缝：前侧缝=0.5∶1。如半胸围收缩量为2cm，如图2-36(a)所示，后侧缝收缩0.7cm，前侧缝收缩1.3cm。此贴体服装的加放松量少，胸围加放松量可平均分配到前、后片侧缝处，如图2-36(b)所示。如半胸围收缩量为2cm，前后侧缝各收1cm，或直接在前侧缝全部收掉即可。

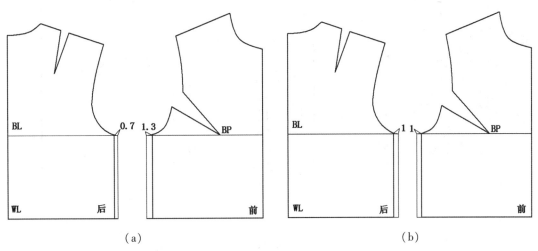

图 2-36　胸围收缩量的分配

四、腰省分配方法

省道是女性衣身造型的关键，在紧身型与合体型服装中体现得更为突出。其中腰部省量主要指成衣胸围减去成衣腰围的量，将衣身腰部省量的1/2按照一定比例分配到前后衣片中，腰省需符合腰部造型需要调整省道,但省道的位置和量的平衡不要有太大的变更。分配原则:后腰省≥前腰省>侧缝省。通常情况下,前腰省≤2cm~3cm,后腰省≤3cm~3.5cm,侧缝省≤1cm~2cm,紧身型礼服和特殊体型(如胸腰围差值过大)除外。但实际应用中,要根据面料设计款式的实际情况合理使用,灵活掌控。具体来说,腰省的位置在实际使用时:第一,根据比例关系可以适度左右移动。第二,腰省的大小根据面料特性是可以适度调整。第三,根据款式和腰部的放松量,只需收取部分腰省。依据款式特点,同时结合不同形体可以有以下几种腰省分配方式。

①腰部省量分配方式(见图2-37):前腰省2.5cm,后腰省3.5cm,前后侧缝省均为1.5cm。将省量的绝大部分放在起主要造型作用的前、后腰省中,使前胸与后背的立体造型量更好一些,适合侧面曲度较大的女性体型,常用于女性中较合体款式。

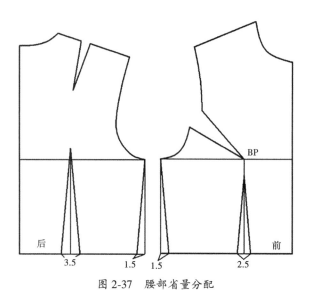

图2-37 腰部省量分配

②腰部省量分配方式(见图2-38):将前后侧腰省闭合,前腰省2cm,后腰省2.5cm,这种分配方式一般适合上衣身合体型,在年轻女子合体型成衣结构设计中应用较广泛。

③腰部省量分配方式(见图2-39):此款为合体刀背缝式大衣的上衣部分,增加了一个后中省,后背造型更加贴体。

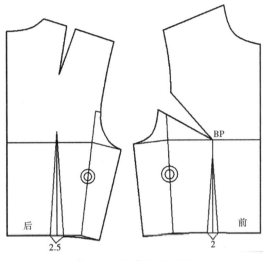

图 2-38　腰部省量分配

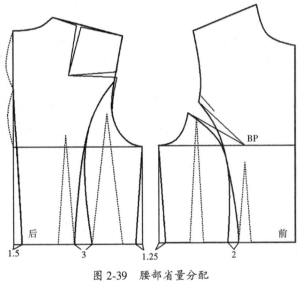

图 2-39　腰部省量分配

五、上衣原型松量变化与袖笼深处理原则

袖笼深与胸围宽松量的关系密切,胸围加放了,袖笼深也应相应加深,袖笼深点的确定包括横向追加松量和纵向挖深袖笼两部分组成。新原型的 12cm 松量为适体松量,袖笼深度由人体的臂根高度和服装与腋窝的空隙两部分构成,在合体廓形设计时,袖笼深点与胸围之间的关系比较严谨,调整值小。随着松度的增加,由合体、半合体向较宽松身和宽松

廓型转变时，需要作追加松量和挖深袖笼处理，宽松袖袖笼深点与胸围之间关系比较自由，调整值较大。

一般情况下，胸围松量追加是后片稍大于前片，袖笼深需随胸围的增大而向下低落，以增加装袖后手臂的舒适度和活动量。因此，袖笼深与胸围放松量成正比，即胸围放松量越大，袖笼深下落量也越大。通常合体型袖笼深加深原则为：胸围加放量与袖笼加深量比例为 4∶1，即在原型袖笼深的基础上，胸围追加放量每增加 4cm，袖笼深加深 1cm。例如，合体型外套，内穿一件毛衣，胸围追加放量为 4cm，则袖笼深需加深 1cm。胸围追加 6cm，袖笼深则需加深 1.5cm。宽松型袖笼加深原则为：胸围加放量与袖笼开深量比例为 3∶1，即在原型袖笼深的基础上，胸围加放量每增加 3cm，袖笼深加深 1cm。在实际应用当中，无论是合体型、宽松型袖笼深加深原则，都可根据面料及款式特点，在此基础上根据款式造型需要适当进行调整，最终达到舒适美观的效果。特别是宽松型袖子比较容易满足实用功能，袖笼的设计主要追求轻松、飘逸的造型效果。因此，袖笼加深量可在上述原则下进行调整，一般大于上述计算值，甚至可达腰线部位，而且宽松袖袖笼造型也较随意，多采用尖袖笼。另外，无袖和露肩款型上衣在原型袖笼深基础之上，袖笼深需要上抬，这样袖笼处会更加贴体，且可以防止腋下裸露过多，上抬量为 1.5cm~2cm（见图2-40）。

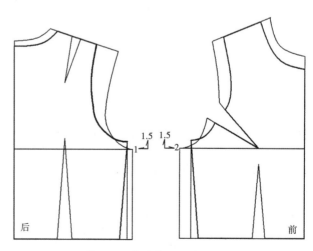

图 2-40　合体背心袖笼深处理

第三章　衣身结构设计与变化

衣身覆盖于人体躯干部位，是女装结构设计中重要的组成部分，其形态与人体曲面相符，又要与款式造型相一致，同时衣身又是衣领、衣袖结构设计的基础。因此，掌握衣身的原型结构设计方法对于结构设计变化至关重要。为了使平面的布料符合复杂的人体曲面，收省、抽褶、褶裥、分割等则是服装结构处理的主要形式，通过这些处理形式，塑造出各种美观贴体的造型，美化人体。省、褶、裥及分割线等实际是省的变化形式，其本质相同，只是造型所呈现的立体效果有所区别。只有熟悉女装原型与款式之间的关系，掌握原型样板的运用技巧，才能提高结构设计的速度及准确性。

第一节　省道的设计与应用

一、省道的形成

女性的体型起伏较大，是一个凹凸复杂的立体形，如腰部纤细，胸部与肩胛部高挺。如果将衣身覆合在人体或人台上，将衣身纵向前中心线、后中心线，且使胸围线、腰围线分别与人体或人台的标志线覆合一致后，将浮余量沿凸起部位方向捏合所形成省缝线，即收省。收省是将平面面料转化到立体造型的必要手段。在成衣结构设计中，许多部位的结构都可以用省道的形式来表现。其中应用最多、变化最丰富的是女装衣身前片的省道，它以女性人体的 BP 点为中心，为满足人体高挺的胸部与纤细的腰部需要而设置的，体现了人体的胸腰曲线，按照省道所在衣身上的部位分类，如图 3-1 所示。

（1）肩省：省底边在肩缝部位的省道，分前、后肩省，前衣身的肩省是为塑造胸部隆起的形态，后衣身肩省是为了表现肩胛骨凸起的形态。

（2）领口省：省底边在领口部位的省道。主要作用是在领口处，通过省塑造胸部和背部的隆起形态，同时作出符合颈部形态的衣领设计，具有隐蔽的优点。

（3）袖笼省：省底在袖笼部位的省道，分前、后袖笼省，前衣身的袖笼省体现胸部形态，后衣身的袖笼省体现背部形态。常以连省成缝形式出现。

（4）腋下省：省底边在衣身侧缝线上，也称侧缝省。

（5）腰省：省底边在腰节部位的省道，常做成锥形省。

（6）侧腰省：在胸宽线下腰节处，主要作用是调节腰部松量作用。

（7）门襟省：省底边在前中心线上，通常以抽褶形式取代。

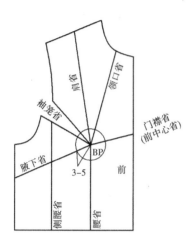

图 3-1 常见胸省位置示意图

二、女装省道的设计

在进行服装结构设计时，凡是作用于凸点的部位都有可能设计省道，如在胸部、肩胛部、肘部、臀部、腹部等凸点处。特别是女装设计，由于女性体型曲线变化大，省的设计与运用更能体现女装设计的特点，只有掌握省的变化规律，了解服装造型、省道与人体部位的对应关系，选择与采用相应的省缝线形式。通常省道的设计应用方法主要有以下几个方面：

（一）省道数量的设计

设计省道时，数量可以是单个集中的，也可以是多方位分散的。单个集中的省道由于省道缝去量大，往往形成尖点，影响外观造型。如分为多个方位的省道，则各方位省道缝去量小，而且省尖造型较为平缓，美观性较好。但在实际应用中，还需要根据造型以及面料特性决定省道个数与部位。

(二)省道部位的设计

省道的设计可根据人体曲面的需要围绕胸部 BP 点或肩胛、腹部、臀部等处进行多方位的省道设置。从理论上讲，只要省角度量相等，不同部位的省道能起到同样合体的效果。实际上，不同部位的省道却影响着复杂外观造型形态，这取决于不同的体型和不同的服装面料。如肩省更适合用于胸围较大及肩部较窄的体型。而胸省或腋下省适合胸部扁平的体型。从结构功能上讲，肩省兼有肩部造型和胸围造型两种功能，而胸省和腋下省只是具有胸部造型的单一功能。

(三)省道形态与省道量的设计

省道形态的设计，主要视衣身与人体贴近程度的需要而定，根据人体不同的曲面形态和不同的贴合程度，可选择相应的省道形态。省道形态可以是直线式、曲线式、弧线式，也可以是碎褶式等。

省道量的设计是以人体各截面的围度量的差值为依据的，差距越大，人体曲面形成的角度越大，面料覆盖于人体时产生的余褶就越多，即省道量越大，反之省道量越小。

(四)省道端点的设计

通常情况下，省端点应人体隆起部位相吻合，由于人体曲面变化是平缓的，故实际缝制的省端点只能对准某一曲率变化最大的部位。如前衣身的省道，尽管省端点都对准胸高点，在省转移时，也以胸高点为中心进行转移，而实际缝制省道时，省端点应距离胸高点有一段距离，不能到达 BP 点，而是保持与 BP 点 3cm～5cm 左右的距离。具体设计时一般参考值是肩省距 BP 点 4cm～5cm，袖笼省距胸高点约为 2cm～3cm，腋下省距胸高点约为 3cm～4cm，腰省距胸高点约为 2cm～3cm 等。

三、省道转移的平面制图方法

省道转移是指一个省道可以被转移到同一衣片上的其他部位，而不影响服装的尺寸和适体性。省道的转移设计是遵照凸点射线的形式法则进行。根据造型需要，可以通过转移将一个省道分散成若干个小省道，也可以将一个方向的省道转移为另外一个方向的省道。常用省道转移的方法主要有以下两种：

(一)剪开折叠法

在纸样上确定新的省道位置。然后在新的省位处剪开，将原省道的两省边折叠使剪开的部位张开，张开量的多少即是新省道的量。新省道的剪开形式可以是直线，也可以是曲线，可以是一次剪开，也可以是多次剪开。以肩省为例，将原型样板的胸省转移到肩部，具体步骤如下(见图3-2)。

(1)在样板上复制原型前衣片样板并设计肩省线位置，在肩线上取点 a 连接至 BP 点上，同时在袖笼省标上记号 b 点、b′点。

(2)剪开肩省线(即 a 点至 BP 点)，并将袖笼省折叠闭合，使 b 点与 b′点重合，此时，a 点至 BP 点线段自然张开，袖笼省转移至肩部，成为肩省。

(3)在样板上复制剪开后的样板,即为肩省衣片样板,然后距 BP 点 3cm~5cm 重新画省。

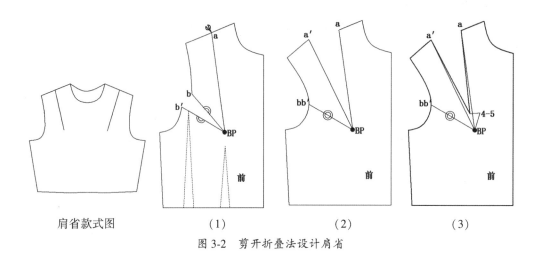

图 3-2 剪开折叠法设计肩省

(二)旋转法

首先设计新的省道位置,以省端点即 BP 点为旋转中心,其中一条省边线为不动边,另一省边线为转动边,让衣身旋转一个省角的量,将省道转移到新省位处,省道总张角大小不变,具体步骤如图 3-3 所示。

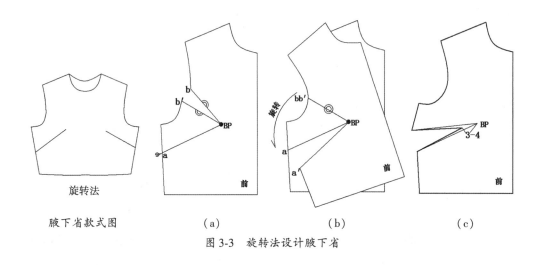

图 3-3 旋转法设计腋下省

(1)在样板上复制原型前衣片样板,设计肩省线位置,将腋下取点 a 连接至 BP 点上,同时在袖笼省标上记号 b 点、b′点。

(2)将基本样板(在上)与复制样板(在下)上 BP 点重合,按住 BP 点逆时针方向旋转基本样板,将使 b′点至 a 点间的轮廓线复制到样板上,在样板上标出基本样板 a 点的新位置,记作 a′点,为腋下省的省位记号。

(3)将 a-BP-a'点连接，得到腋下省，完成新省道，然后距 BP 点 3cm~4cm 重新画省。

在实际应用中，以上两种省道转移的方法都可以使用，通常情况下，旋转法较适用于直线式的省道，剪开折叠法由于具有直观且容易理解的特点，无论是直线、曲线与折线的省或非对称省等都可以使用。在结构设计中，有时也会同时使用两种方法。

四、省道的转移应用设计

省道的设计变化直接影响上装的视觉效果，且主要应用于女装。由于人体各部位凸起、凹进的程度不同，所以设计的省量大小、长短也各不相同。省的每一种变化都将导致服装结构发生变化。了解省的位置及大小的变化，对掌握更多不同服装款式的变化有着极其重要的意义。本书将以日本新文化式女装衣身原型为转省原型模板进行省道转移设计。其他原型的转省原理、方法同日本新文化式女装衣身原型是一样的。

(一)胸省量的转移

女装省道的应用设计主要是胸省的变化，可根据个人的体型和款式的需要，结合面料的特点，将胸省转移至上衣衣片的任何一个位置，设计省缝时，主要有单个省道、分散多个省道和非对称省道设计几种形式，其转移步骤如下：(a)在女装衣身原型上作出新省道。(b)折叠原省道，并将其全部或者部分转移到新省道上。(c)确定省尖点，修正新省道，使省道两边等长。

1. 单个省道转移

单个省道转移是将原型上的胸省转移至肩部、领口、腋下和前中心等新的位置，形成一个新省道，腰部为松身设计，衣片样板的腰线呈水平状。其步骤如下：图 3-4 为领口省转移，图 3-5 为门襟省转移。

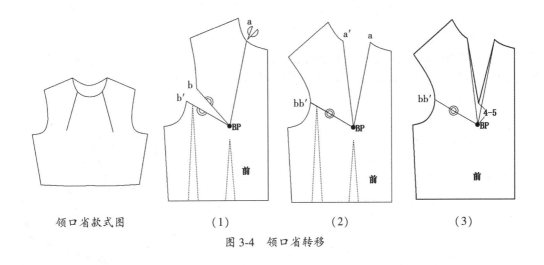

图 3-4 领口省转移

2. 省道分散设计

运用衣身原型前片，将胸省量分散成若干个，形成多省道设计。其步骤如图 3-6 所示：

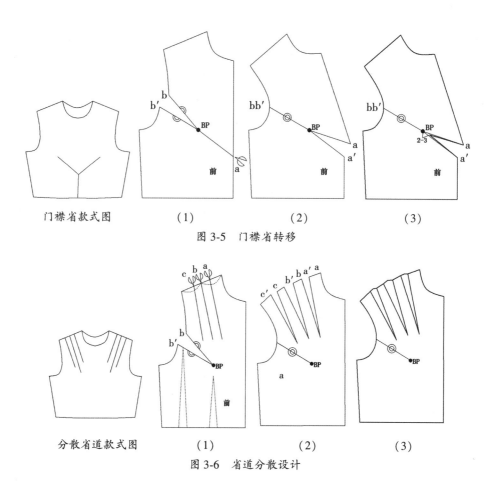

门襟省款式图　　（1）　　　　　（2）　　　　　（3）

图 3-5　门襟省转移

分散省道款式图　　（1）　　　　　（2）　　　　　（3）

图 3-6　省道分散设计

3. 非对称省道设计

省道的非对称设计能给人们带来特别的美感，在结构设计中，要注意使用完整的衣片来做省道变化，以下款式是将胸省转移至结构线中。其步骤如图 3-7 所示：

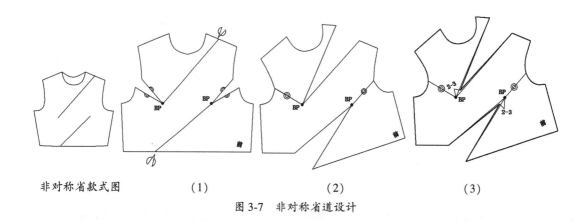

非对称省款式图　　（1）　　　　　（2）　　　　　（3）

图 3-7　非对称省道设计

(二)全省量的转移

全省量是指胸省与腰省量的总和。腰省量是指胸腰的差量,其大小是除净腰围尺寸和松量外,多余的量全部作为腰省量收掉。因此进行全省量的转移就是将腰省和胸省全部转移到所需结构线中去,此时服装胸部和腰部合体,衣片样板的腰线呈弧线状,其方法与步骤如下(见图3-8)。运用新文化原型进行全省量转移时,可将侧腰省与腰省闭合,转移至袖笼作为临时省,重新绘制袖笼省后再根据正身款式特点进行全省量转移(注意:临时省需尽量避开结构线,如左右不对称结构,可将临时省放置不同位置)。

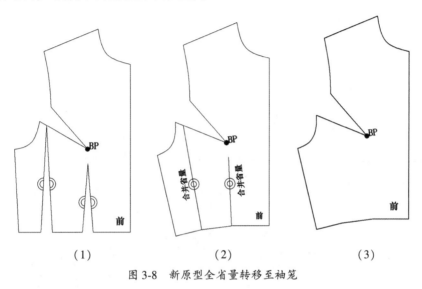

图 3-8 新原型全省量转移至袖笼

如图3-9所示,此款为双腰省设计,可在上图全省量样板基础上,将全省量转移至腋下,根据款式特点将全省量分配到腰部结构线上,形成双腰省设计。

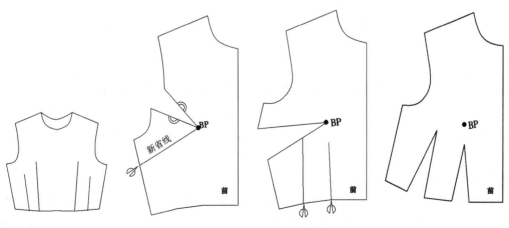

图 3-9 双腰省设计

全省量转移用于不对称结构设计时，通常以前中心线为对称轴，对称展开，根据款式特点，在正身衣片上画出结构线并剪开，再将胸省与腰省合并，此时全省量转移至结构线上。另外，也可根据款式特点将胸省与腰省合并，作为临时省以 BP 点为中心的其他位置。在进行全省量转移设计时，一般上衣款式是具备了腰部有横分割线的条件，只有这样，全省量的转移才能够进行。全省转移方法与步骤如下（见图 3-10）。

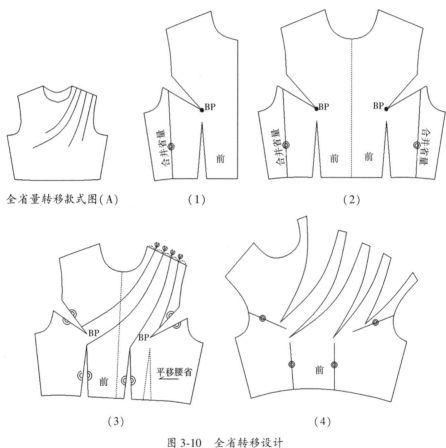

图 3-10　全省转移设计

（1）调出原型板，将衣身原型侧腰省合并，转移至袖笼处，同时重新绘制袖笼省。

（2）再将此衣身原型对称展开。

（3）根据款式特点，对着 BP 点方向画结构线，根据结构线设计特点，平行移动腰省，此时袖笼省与腰省为临时省，需要转移到结构线中（临时省可根据款式特点放于不同位置，为了方便进行全省转移，最好避开结构线）。

（4）将结构线从肩部向 BP 点方向剪开，再合并临时省腰省与袖笼省，此时结构图完成。

从以上原型衣片结构设计变化中我们可以看出，要想服装合体，结构线设计一定要合理。结构线通过 BP 点时，服装的合体度最强，服装较合体时，省尖位应对着 BP 点或接近 BP 点，只有这样才能充分发挥省道的作用。

第二节　分割线结构设计变化应用

分割是指将衣片整体划分为若干组成部分。分割线是另一种常见的结构设计方法，可以说是省道结构变化设计的另一种表现形式。在服装设计中，设计师常运用不同色彩、面料和材质对比，通过分割线的形式丰富视觉效果。在服装结构设计中，从服装上分割线的线型有直线型、曲线型、螺旋线型。服装分割线的形态多样，有纵向分割线、横向分割线、斜向分割线、放射状分割线等。伴随分割线的构成和工艺处理的不同，在服装中始终表现出迥然不同的装饰风格、丰富多彩的审美情趣和艺术韵律。此外，从分割线在服装上的位置有分公主线、侧缝线、育克线、覆肩线、正腰线、高腰线、低腰线等。据分割线的功能，可分为装饰分割线和结构分割线。

一、装饰分割线

装饰分割线主要是根据造型的需要，附加在服装上起装饰作用的分割线，无功能性，其主要目的是进行面料的拼接或变化布纹方向，分割线所处部位、形态、数量的改变会引起服装造型外观的变化，但不会引起服装整体结构的改变。在不考虑其他造型因素的前提下，服装的韵律美是通过线条的横、弧、曲、斜，力度的起、伏、转、折与节奏的活、巧、轻、柔来表现的。女装大多喜欢采用曲线型的分割线。

育克是服装上常出现的结构，常用于服装的前后肩部、腰部和臀部等处，不仅可以加大肩部面料施力向上的强度，还可以通过不同色彩面料、条纹的对比，丰富视觉效果，育克绘制方法与步骤如下(图3-11)。

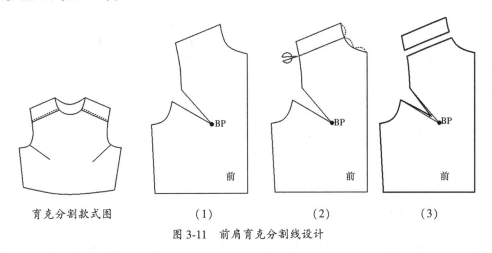

图3-11　前肩育克分割线设计

门襟即上衣的前胸部位的开口，它不仅使上衣穿脱方便，而且又是上衣重要的装饰部位。

前门襟装饰分割处理方法与步骤(见图3-12),设计中通常使用直接切割方式,运用不同色彩或丰富面料条纹进行装饰。

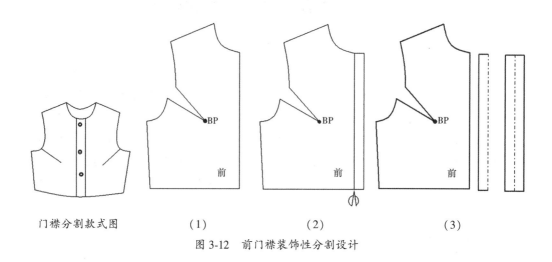

图3-12 前门襟装饰性分割设计

不对称式装饰曲线分割的款式需将原型前衣片左右对称展开。在设计分割线时应注意比例关系,分割得当。如前衣片前中心处进行装饰曲线结构分割,其方法步骤(见图3-13)所示,给人以曲线轻盈、柔美、自如之感。

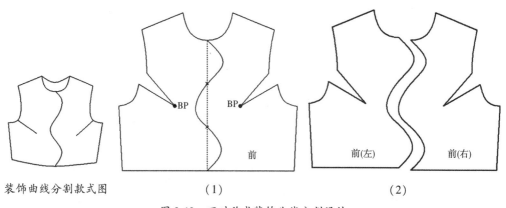

图3-13 不对称式装饰曲线分割设计

二、结构分割线

结构分割线是指具有适合人体体型结构和合体度相关的分割线,其主要是以省为依据,结合人体起伏位置,将基本纸样上的省转化为分割线。在服装结构设计中,服装要贴体,往往需要在服装的纵向、横向、斜向等方向作出各种形状的指向凸点的省道,如果在一个衣片上设计过多的省道，不仅会影响成品的外观，还会影响工艺效率和穿着舒适度。通常情况下，为塑造款式造型的特点，将相关联的省道在分割线上用缝份来代替，称为连省成缝。连省成缝的形式主要有缝份和分割线两种，其中又以分割线为主。缝份的形式主要有侧缝、后背中心缝等；分割线的形式主要有公主线、刀背分割线、育克线等。

结构分割线的设计不仅在于不同面料的色彩、质地、光泽等对比，丰富视觉效果。要设计出款式新颖、美观的服装造型，还要具有多种实用的功能，如公主线设计，它不仅显示出人体侧面的曲线之美，而且降低了成衣加工的难度。凡是经过BP点的结构分割线，都具有转省功能，因此无论是横线分割、斜线分割还是弧线分割，都不仅具有装饰性作用，还具有适合体型、加工方便的作用。

（一）省并入分割线

此款式是通过BP点进行斜线分割，将省并入分割线，根据款式设计特点，复制原型左右样片，先将左边原型样片中袖笼省转移至腋下11.5cm处，再将原型左右样片以前中线对称拼合后，画出斜线结构分割线，样片中转折处用圆顺弧线连接画顺，其方法与步骤如下（见图3-14）。

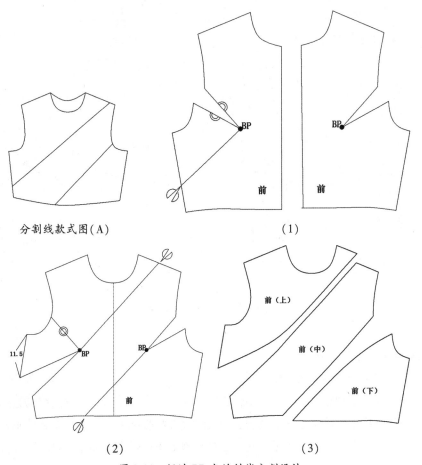

图3-14 经过BP点的斜线分割设计

此款式腰部合体，前片左右 BP 点进行横线分割，分别将前片左边腰省与右边肩省省并入分割线中。根据款式设计特点，复制原型左右样片，合并前片左右侧腰省，画出结构分割线后，从肩部延分割线剪开，再将左右两边袖笼省与右下片腰省合并，其方法与步骤如下（见图3-15）。

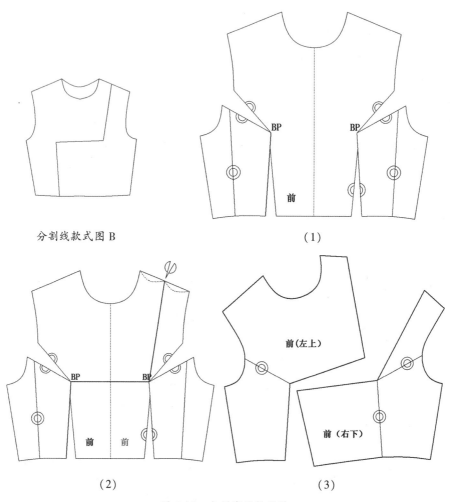

图 3-15 分割线结构设计

（二）胸腰省转移至分割线处

公主线是女装中最常见的结构，常用于连衣裙、衬衫、套装及礼服等。如图 3-16 所示，根据款式设计特点，复制原型样片，先将胸宽线下腰省并入袖笼省，再画肩线通过胸点到腰省线，合并袖笼省，将省量转移至肩省缝线上，此时肩部与腰部完全贴合人体起伏形态。此类胸腰省转移至分割线在女装中随处可见，其方法与步骤如下（见图 3-17～图 3-18）。

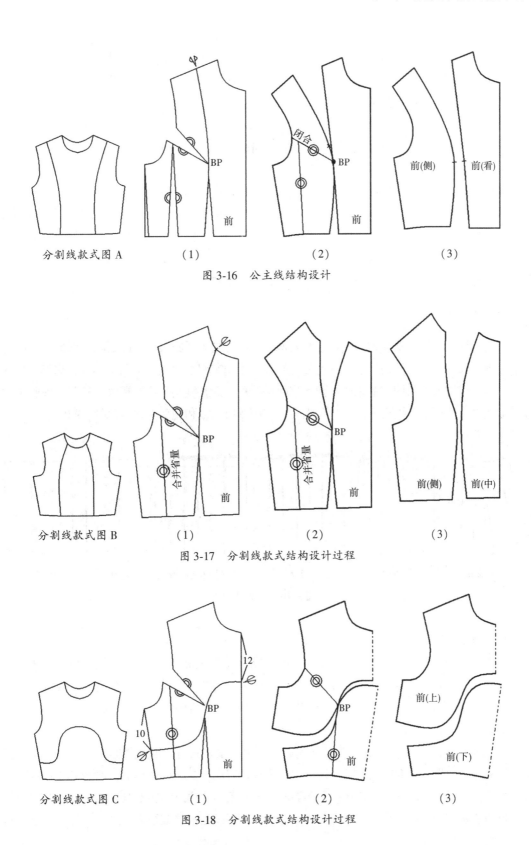

图 3-16 公主线结构设计

图 3-17 分割线款式结构设计过程

图 3-18 分割线款式结构设计过程

服装的造型依附于人体，结构线的设计首先应根据款式特点，依据人体及其运动规律来确定，其次不可忽视的是其装饰和美化人体的效果。在服装结构设计中，常将省与装饰性分割线结合使用，会使结构设计更加合理，变化更加丰富。

第三节　褶裥结构设计变化应用

褶裥是指衣服上形成的折叠波纹。在服装结构设计中，褶裥与收省、分割一样，同样也是塑造服装艺术造型的主要手段，由于其形成的方法多种多样，所以它的种类很多，风格各异，常见的类型有顺风褶、工字褶、百褶、手风琴褶、细皱褶、自然褶等。褶裥的设计不仅能够增加外观的层次感和体积感，同时结合造型需要，使衣片不但适合于人体，而且给人体较大的宽松量，又能做更多附加的装饰性造型，增强服装的艺术效果。

一、褶裥分类

褶裥的结构处理方法与省道转移方法类似，实质是扩大了服装衣片的面积，增加服装的宽松量，满足人体灵活运动的需求，具有独特的装饰性和实用性功能，常用于领口、胸部、肩部等处。为了适应人体及服装造型的需要，将面料抽褶、折叠缝制后形成褶纹，从而呈现服装立体造型效果。根据工艺处理方法和外观来看，褶裥有自然褶和规律褶之分（见图3-19）。

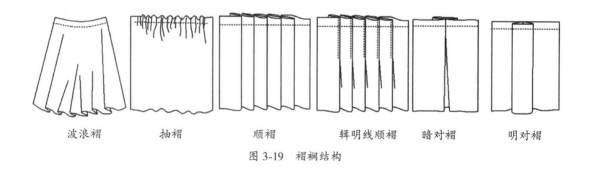

图 3-19　褶裥结构

（一）自然褶

自然褶，即不规则褶，指的是将面料的一边或两边进行抽缩处理或者根据面料的特性所形成的褶裥造型，具有随意性、多变性、丰富性和活泼性等特点，可分为波浪褶和缩褶两种。

（1）波浪褶是自然褶的一种，其原理是通过对面料进行结构处理使其成形后所产生的自然均匀的波浪造型。

（2）抽褶也称缩褶，在造型的变化中比波浪褶更丰富。它可以取代省的作用，也可以达到波浪褶的造型效果，因而在上衣结构设计中应用较为广泛。在结构处理上，抽褶与波浪褶结构较为相似，只用现有的基本省转移量是不够的，一般还需要通过增加褶量对其进行补充，褶量需要增加在缩褶的一边。缩褶的表现形式也有很多，可以是水平或垂直形式，也可以是上下两端或者是曲线控制某部位造型出现。

(二)规律褶

规律褶是将面料的一边等距离折叠后固定所形成的褶裥造型,褶根固定有序,所以褶形、褶量和褶距均呈现出规律性的特点,表现出含蓄庄重的秩序动感美。这类褶裥按其相对位置的不同可以分为顺褶、明对褶、暗对褶,从而表现出含蓄庄重的秩序动感美。

(1)顺褶指向同一方向打折的褶裥,即可向左折倒,也可向右折倒,是一种在面料上直接排列折叠,并向一个方向压褶的方式。褶的下方可以有不同的处理方法,可以继续压褶,也可以单独或组合打褶、辑线等。

(2)明对褶也称为箱形裥,是将面料同时相对朝外折叠,褶裥底在上的折裥。固定褶根,形成箱状突起,使原本的平面面料显现出立体而跳跃的特点。

(3)暗对褶是面料同时相对朝内折叠,褶裥底在下的折裥。一般是将褶裥的中间部分缝合,一方面可以起到装饰作用,另一方面也增加了服装的活动量。

二、褶裥设计应用

(一)省量直接转化褶量

原型纸样上省的结构可以缝合成褶裥,褶裥也具备有一定合体的功能,但还保留一定余量,因此合体程度小于省的结构。由于操作方法跟转省方法相同,因此称其为移褶法。移褶法一般适用于一些直接由省量转化成褶量的服装款式,根据省量的大小转移褶量看,有部分省量转移、胸省转移和全省转移,其转移的省量越大褶量越多。现以全省转移褶量为例,如图3-20、图3-21所示款式,就是由全省量分别转移至门襟和领口处,并将全省量转化成褶量而成的。其步骤与方法如下:

(1)调出原型板,将衣身原型前侧腰省合并,转移至袖笼省,重新绘制袖笼省。根据款式造型特点,对着BP点方向画结构线。

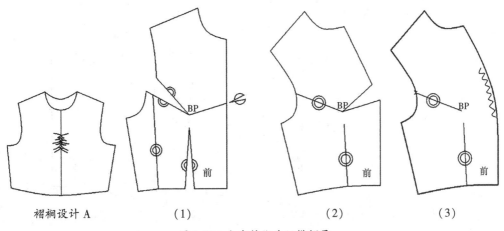

图3-20 全省转化为门襟褶量

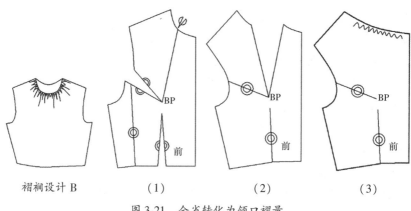

图 3-21　全省转化为领口褶量

（2）朝向 BP 点方向剪开结构线，合并腰省与袖笼省，将全省转移至褶裥设计部位。

（3）再将张开省口连线，绘制出圆顺弧线，并标示出褶裥位置，此时结构图绘制完成。

图 3-21 操作步骤同上所示。

（二）褶与分割线结合

分割线与褶裥结合使用，会使结构更加合理，变化更加丰富。图 3-22、图 3-23 为款式腰部合体，前片左边袖笼省转至分割线上，右边省量则直接转入分割线中，其方法与步骤如下：

（1）调出原型板，将衣身原型前侧腰省合并，转移至袖笼省，重新绘制袖笼省。根据款式造型特点，画一条与肩斜线平行，相交于领口弧线与袖笼弧线上，再对着 BP 点方向画另一条结构线。

（2）先将肩部分割衣片沿线剪开，即肩部育克样片，再朝向 BP 点方向剪开另一条结构线。

（3）合并腰省与袖笼省，将全省转移至育克分割线上。

（4）将张开省口连线，绘制出圆顺弧线，并标示出褶裥位置，此时结构图绘制完成。

图 3-22 操作步骤同上所示。

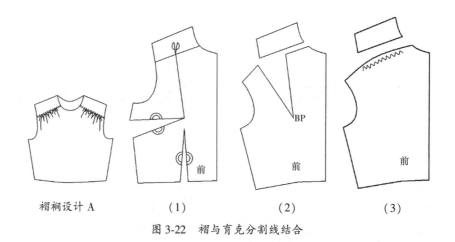

图 3-22　褶与育克分割线结合

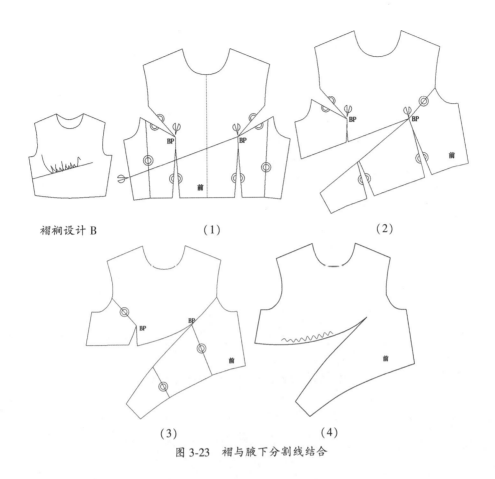

图 3-23 褶与腋下分割线结合

(三)在省量基础上追加褶量

在结构设计中,有些服装款式由省量直接转化成褶量时,会出现褶量不够的情况,这时就需要在原有省量的基础上进一步加大褶量予以补充,一般是加入分割线,剪开纸样,再加大褶量;褶量的大小需要参考款式褶裥量而定,也要加入对面料特性的考虑;为保证连线的圆顺,增加褶量时可选择一条或几条分割线,剪开纸样,展开一定量后,圆顺好曲线,并标示出褶裥位置。其方法如下(见图3-24)。

(1)调出原型板,将衣身原型前胸宽下腰省合并,转移至袖笼省后,将前片对称展开,根据款式造型特点画前片左边公主线,即从肩斜线上取点画弧线连接至BP点与腰省尖点上。

(2)将左边袖笼省拼合,将省量转移至公主分割线上,腰省则在分割线中去掉。再将右边袖笼省拼合,将省量合并至腰省上,再根据款式在前衣片右边胸宽线下画结构线连接至腰线上。

(3)从腰线向袖笼弧线方向剪开,根据款式特点追加一定褶量,即展开量。

(4)圆顺好曲线,并标示出褶裥位置。这也是在省基础上追加褶量设计,其方法与步骤同上(见图3-25、图3-26)。

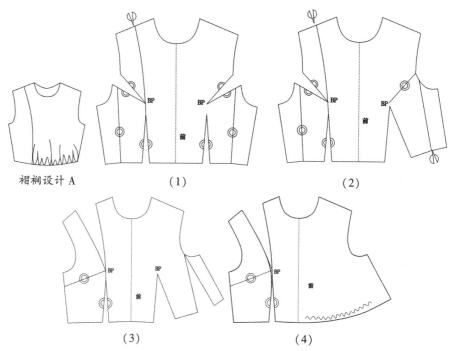

图3-24 在省量上追加褶量设计款式A

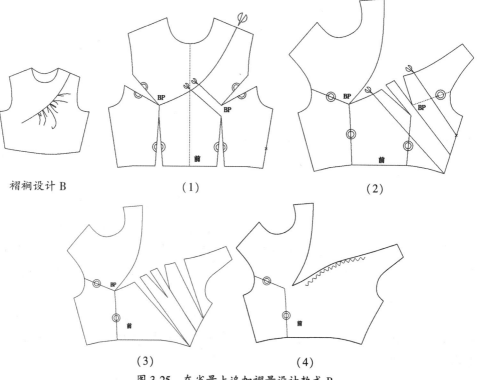

图3-25 在省量上追加褶量设计款式B

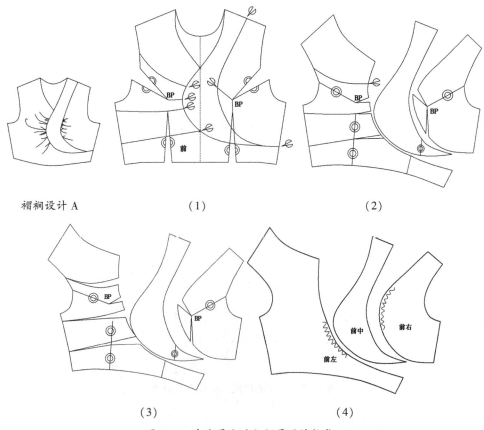

图 3-26 在省量上追加褶裥量设计款式 A

(三) 加褶法

加褶法是构成服装款式造型的常见方法。加褶法中的褶裥量是人为地在服装款式中加大的褶量。结构设计时需要根据服装款式的褶裥方向和大小确定褶量的多少,如图所示此款腰部两侧抽褶,腰省拼合时靠侧缝线一边的省缝线进行抽褶,此时需要加大此侧的省缝线,如将省缝线向侧腰剪开四个小纸样;将小纸样保持侧缝长度不变呈螺旋形张开,张开的距离由分开的片数决定,片数越少,纸样的张开距离就越大(见图3-27)。操作步骤与方法如下:

(1) 根据款式特点,将袖笼省合并至腰省上。

(2) 在腰部省侧边画结构线,并朝向侧缝线方向剪开。

(3) 将省缝线向侧腰剪开并调整每片纸样张开的数量,即展开所需褶量;重新绘制圆顺曲线。

(4) 标示出抽褶的位置,结构图绘制完成。

荡领的结构也是为了塑造其造型人为进行加褶量设计的典型案例。其方法与步骤如下(见图3-28):

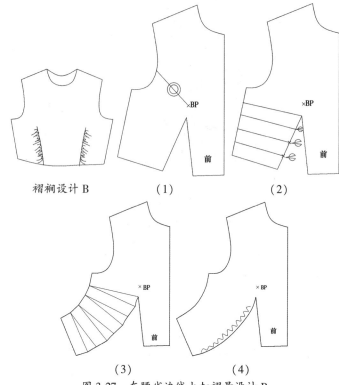

图 3-27 在腰省边线上加褶量设计 B

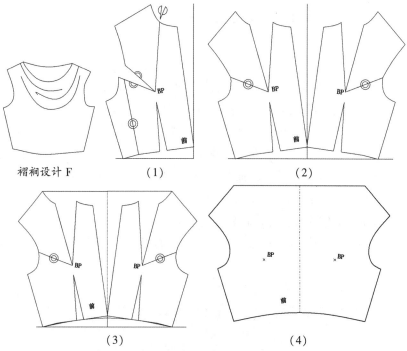

图 3-28 加褶量设计 E

（1）调出原型样板放置水平辅助线上，将衣身原型前片侧腰省合并，转移至袖笼省，再根据款式造型特点，在前衣片领口弧线上取点画结构线连接至 BP 点上。按住侧缝线与腰围线交点，向左旋转，使前中心线向领口方向追加荡领的褶量。同时在水平线上经过前中心线与腰围线交点画垂线即为此款式的前中心线辅助线。

（2）将领口结构线沿 BP 点方向剪开，使袖笼省量转移至领口，并沿前中心辅助线将衣片对称展开。

（3）将左右两边颈侧点连接，即为前片领口线。再将腰围线画圆顺曲线。

（4）绘制完成前衣片。

第四节　衣身局部设计与应用

在上衣的结构设计中，除了以上所讲到的省的转移与变化，及后面将要讲到的领子的设计与变化、袖子的设计与变化外，还有许多小部位的设计与变化，如门襟、挂面的设计与变化、口袋的设计与变化、扣眼扣位的设计与变化等。在进行整个服装结构设计中，只有将所有的部位都设计到位，才能达到完美的效果，因此衣身局部设计不可忽视。

一、门襟的结构与变化

门襟是为服装的穿脱方便而设计的一种结构形式，可设计在服装的不同部位，具有实用性和装饰性。为了寻求穿脱方便、明快、平衡的特点，大多情况下门襟设计在前中心处，还可以设置在肩部、后中心、肩斜线处和结构缝线等处。按照门襟的形状，可分为直线襟、斜线襟、曲线襟、偏门襟、全开襟和半开襟等。按照开襟的长度可分为全开襟、半开襟等，此外还可以分为暗门襟与明门襟。开襟按对接方式可分为对合襟、对称式门襟和非对称式门襟（见图 3-29）。对合襟是没有搭门的开襟形式，一般适用于中式外套，常在止口处配上装饰边，用扣襻固定。对称式门襟和非对称式门襟是有搭门的门襟形式，分为左右两襟，锁扣眼一边称大襟（门襟），钉扣子的一边称里襟。两襟重叠在一起的部分叫搭门（也叫叠门），搭门量的大小对门襟的变化起着重要的作用。非对称式门襟是指搭门量从上到下是变化的，并且有时左右两侧搭门量不同，多用于现代具有突出个性的时尚款式中。

门襟搭门宽度设计对服装的款式变化起着重要作用，其宽度可分为单排扣和双排扣两种形式（见图 3-30）。一般单排扣搭门宽度根据服装的种类和纽扣的大小来确定。衬衫一般是钉小纽扣，搭门宽一般是 1.5cm~2cm 左右，春秋装钉中扣，搭门宽为 2cm~2.5cm 左右，风衣和大衣钉大扣，搭门宽为 3cm~4cm。双排扣搭门宽可根据个人爱好及款式来确定。一般情况双排扣衬衫搭门宽为 5cm~7cm，双排扣春秋装搭门宽为 6cm~8cm，双排扣风衣和大衣搭门宽为 8cm~12cm。纽扣一般是对称地钉在前中心线两侧。

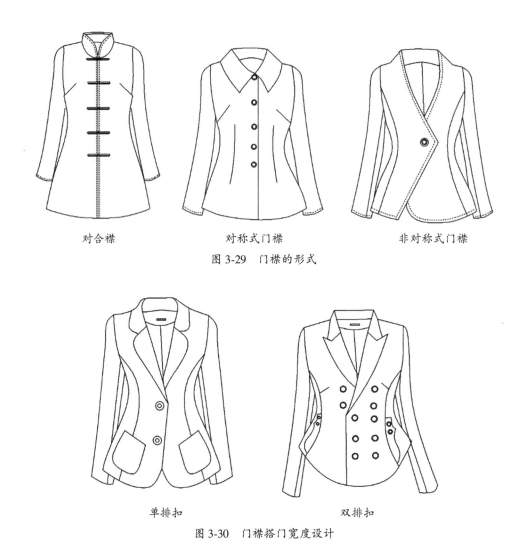

对合襟　　　　　　对称式门襟　　　　　非对称式门襟

图 3-29　门襟的形式

单排扣　　　　　　双排扣

图 3-30　门襟搭门宽度设计

二、挂面的结构与变化

挂面是指与门襟和里襟重叠的部件，通常在服装的内面。门襟和挂面在结构设计中也是较为重要的部位之一。它们可设在服装上的任何一个部位，其形式变化多样。挂面的大小及形状与服装的款式和门襟息息相关。它是门襟处锁眼和钉扣的第二层面料，其反面与正身面料的反面相对。挂面在形式上有正常贴边和反贴边两种，（见图 3-31）正常贴边在裁剪没有撇胸量或较小撇胸量的服装时，且止口线是直线的情况下，往往采取与正身连裁的方式，我们称其为连挂面，而止口线不是直线的，如西服款式就不能连裁挂面，而需单独配制挂面，我们称其为贴挂面。大多数贴挂面要求上部裁剪至肩线，如果遇到有驳领的服装，挂面还包含了驳头部分。反贴边由于面料的正反面有别，往往也需要采取与正身分开裁剪的方式。

挂面的结构设计通常是在完成了的正身结构图上画上标注线，制板时再将其制成单独的板。挂面的纱向应与它所对应的正身纱向相一致。挂面不应过宽，一般情况下，扣眼锁在其上且有一定的余量，扣子也能钉在其上。而且挂面应是一条内弧线。

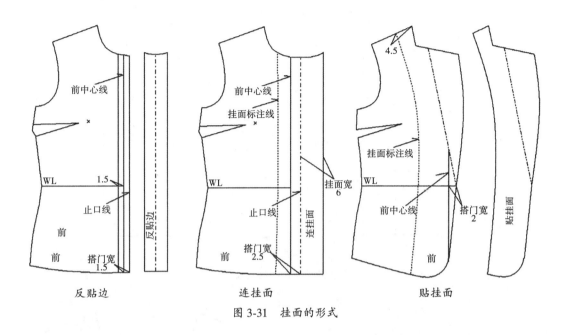

图 3-31　挂面的形式

三、扣位的设计与变化

门襟的变化决定了扣位的变化，扣位如果选择合理，便能起到画龙点睛的作用。纽扣在服装中起连接门襟的作用，纽扣位置的设计包括两个方面的内容，一是扣眼的位置，二是扣子的位置。扣眼的位置在门襟处通常是等分的，最上扣位是在门襟上端点向下一个扣子的直径，驳领服装的第一扣位是在驳头止点处。对一般上装来说，关键的是最下扣眼位的确定，上衣的最后一颗扣位一般是从底边线向上量取约衣长的 1/3 减去 4cm～5cm 而定，但具体的款式还需具体对待。其余的扣眼位，应以第一颗扣眼位和最下一颗扣眼位之间的距离等分。

纽扣位置的高低与扣眼相同，而纽扣位置的前后，则应根据款式的要求和扣眼的位置而定。单排扣钉在搭门线上，单排扣的位置应是从前中心线向内进 0.2cm～0.4cm（扣眼向外放出多少，扣子向内就进多少）；双排扣的位置在搭门线两侧，并且对称。双排扣的第一颗扣子是在门襟止口向里一个扣子的直径或直径加上 0.5cm 左右，第二排扣是在搭门线以内离搭门线的距离同第一排扣子距离相等。双排扣的位置在搭门线两侧，并且对称（见图 3-32）。如遇到不等距的扣位，则应根据款式灵活制定。如果有大袋，一般与袋位平齐，最好在腰节处有一粒扣。

扣眼有横、竖之分，扣眼的前后位置应根据扣眼是横还是竖而定（见图 3-33）。横扣眼的位置是从中心线向外出 0.2cm～0.4cm，然后再向里横量纽扣直径加上纽扣的厚度；竖扣眼的位置，是在中心线上由扣眼位向上 0.3cm，然后再向下竖量纽扣直径大加上纽扣的厚度。

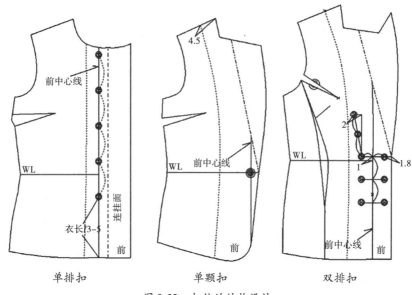

图 3-32 扣位的结构设计

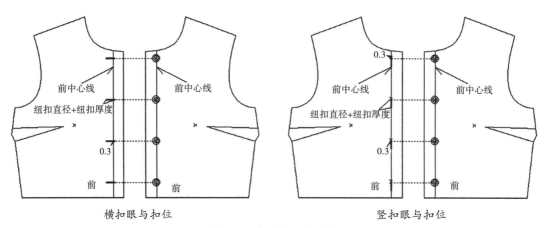

图 3-33 扣眼与扣位设计

总之,在进行结构设计之前,应正确地设计好扣位的空间位置,这将有利于正确确定款式的其他重要部位,它既应从实用性上考虑,如贴体服装需在腰节线上下设立扣位、扣位之间的距离等,又应从装饰性上考虑,如不等距扣位、育克上的特殊扣位等,尽量避免犯一些技术方面的错误。

四、口袋的设计与变化

口袋是服装主要附件之一,不仅具有放手和装盛物品的实用功能,还具有点缀及美化的装饰功能。口袋从功能上分有大袋、小袋、里袋、装饰袋等,从工艺上分有贴袋、插袋和挖袋等。口袋的位置应考虑其功能性和装饰性。从功能性考虑，上衣的袋位一般设在手臂取物方便的地方；从装饰性考虑，袋位的设计应与服装的整体造型相协调。

上衣大袋的高低位置一般设计在腰节线下 6cm～8cm 的地方，袋口大的中点位置在胸宽线向前 1cm～3cm 的位置，以此为中心，两边平分。两者的交点处是手臂稍弯曲伸手插袋的最佳位置，无论袋口多大、袋牙多宽、口袋形状及斜度如何变化，都应遵循在结构设计袋位时应遵循的规律。大袋袋口的大小是以手掌的宽度，成年女性手宽一般为 9cm～11cm，再加上手的厚度为主要依据来设定的，其大小为 13cm～14cm，大袋的起翘高度一般应与底边保持平行。

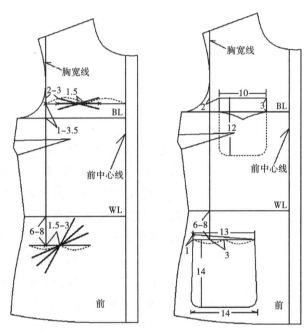

图 3-34　上衣口袋的位置设计

胸袋也称小袋，胸袋袋口的高低位置一般设计在胸围线向上 1cm～3cm 的地方，是手臂端平之后插袋的最佳位置。胸袋的前后位置一般以胸宽的 1/2 处向胸宽线方向偏 1.5cm 为袋口的中间，或是以胸宽线向前 2cm～3cm 为袋口的后端点。小袋的袋口一般只是用手指取物或起装饰作用，因此，袋口的大小一般以 B/10 为基数，再加减 1cm，通常女装胸袋袋口净尺寸为 8cm～10cm，其具体的位置、大小和起翘高度可根据款式要求灵活制定。

口袋的形状变化，在设计时除了要考虑本身的造型特点外，还要考虑它的装饰效果，特别是贴袋的外形，原则上既要与服装的外形相协调，又要随款式的特定要求而变化。在常规设计中，贴袋的袋底稍大于袋口，而袋深又稍大于袋底。袋布的纱向除特殊的要求之外，一般要与服装的正身衣片纱向相同，袋盖的纱向也应与正身衣片相同，如有条格还必须对条格。

第四章 领子的结构设计

衣领是顺应人体肩部和颈部的自然过渡而形成的，是最易引人注目的部位，在组成服装整体的各个局部中，占据着十分重要的位置，在服装上起到了画龙点睛的作用。衣领造型、领型与颈部形态形成独自的造型装饰效果，是服装结构设计中不可忽视的部分。衣领结构由领窝和领身两部分构成，其中大部分衣领的结构包括领窝和领身两部分，少数衣领只以领窝部分为全部结构。衣领的结构不仅要考虑衣领与人体颈部形态及运动的关系，还要考虑领子的设计与服装整体风格相统一。虽然领型千变万化，但可归纳为以下几大类别：无领、立领、翻领、驳领。

第一节 无领结构设计

无领也称为领口领，只有领窝，没有领身，而又独立成为领子的领型叫作"无领"。因此，"无领"以领窝部位的形状为衣领造型，是一种特殊的领型，也是所有基本领型中较为简单的一种领型，它的变化只体现在领口线上，具有轻便、随意、简洁的风格特征。根据领窝的形状可分为圆形领、方形领、U形领、一字形领等，图4-1所示。

无领结构是利用领口线进行装饰的一种领型，其领口直接暴露在外，领口线过宽，容易出现前领线不合体、荡开等前后领线不平衡的情况而出现尴尬局面，因此掌握领口线的合体、平衡尤为重要。根据领口前中心线处的构造可分为开襟式和套头式两种。无领的配置技术，主要是指前后领宽大小所涉及的服装合体、平衡、协调等问题，且在浮余量的结构处理上略有不同。

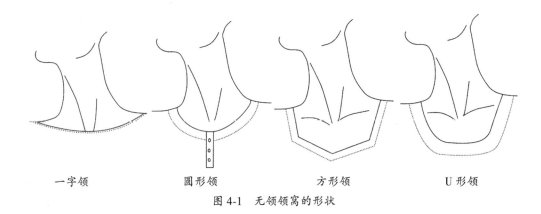

一字领　　　圆形领　　　方形领　　　U形领

图 4-1　无领领窝的形状

(一) 无领浮余量处理方式

1. 开襟式无领

一般对于合体式前中开口型无领服装，在结构上用撇胸形式解决前领口中心不服帖情况。撇胸就是前衣片领口在前中心处去掉的部分。如果将布料覆盖于人体胸部，在领口的前中心处就会出现多余的布料，将多余的布料剪去或缝掉，才会使该部位平服，而这部分的量就是撇胸的量，它实际是胸高量的一部分。做撇胸的前提条件：前中开襟的合体型上衣，胸围丰满者。毛呢类翻驳领西服应用最多，立领也可以应用，但撇胸量要小一些。当肩部与领部有省道时，不进行撇胸。特体体型，如挺胸体的撇胸量还要加大，驼背体要减小撇胸量。

通常运用原型变化服装时，将胸省一部分量转移到领口当中形成撇胸。其操作方法就是按住 BP 点，旋转前片，从而形成撇胸。如图 4-2(1) 所示，无领开襟衫的打板，在制作前衣片时，需倾倒原型，根据胸高程度留出 0.5cm~1.5cm 的撇胸量，将前中心线修正成圆顺弧线，如图 4-2(2) 所示。

2. 套头式无领

套头式无领结构设计中，需考虑人体颈部特点，充分考虑前后领横开领宽和直开领深的平衡与协调。由于原型基本纸样是具有一定松量的成衣纸样，在前胸位置也有一定松量，将领口较大时，将会出现浮余量。套头式无领因在前中心线无法去掉撇胸量，可将撇胸量放在后领宽内消除。解决的方法就是将后领宽大于前领宽，使前后领宽有个差数，这样当肩缝缝合后，后领宽可将前领宽拉开，起到撇胸的作用，使前中心领口处贴体。前后领宽的差数随款式式样和面料性能而定，如图4-3(1)所示。套头式无领的领口弧线过大时，则需在结构上进行处理，可将领口弧线上去掉1cm的省量，并将这个量转移到其他的省缝中去，如图4-3(2)所示。或者将横开领再开大，在颈侧点肩缝去掉0.5cm，这样前中心才不会出现浮余量。

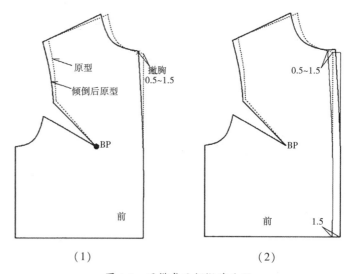

图4-2 开襟式无领撇胸处理

无领结构设计受服装款式造型的制约，又要受到人体体型特征的影响。在原型领口上，根据款式特点通过对领窝形状的调整，从而达到不同的视觉效果。一般情况下，领口宽量距离颈侧点3cm~5cm以保证领口造型的稳定性。较窄的无领设计，在原型基础上对前后领宽同时增大1cm~2cm，使该领的前领宽小于后领宽0.3cm，保持领口部位的平衡、合体。较宽的无领设计，在原型基础上按小肩宽的比例采取增大前、后领宽的方法，以达到衣领平衡、合体和防止前领口荡开的疵病。

另外，撇胸量的处理也非常灵活。当前片收肩省、领省时，撇胸量可以与省融为一体，因为肩省、领省距前中心线较

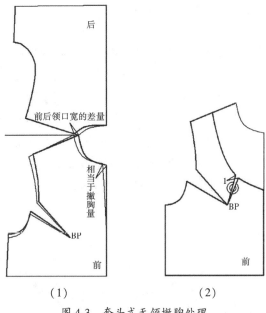

图4-3 套头式无领撇胸处理

近,完全可以起到使前中心处平服的作用。如果在其他部位收省,省量较大时,也不必再加撇胸。而当其他部分收省较小时,前中心线处仍会出现浮离部分,此时必须要加撇胸,将胸高量分两部分解决,对胸部造型的美观更有利。宽松的服装,因各部分合体性较差,均不需加撇胸。如果是条格面料,即使是合体服装也最好不要加撇胸,否则会破坏前中心线处条格的完整性,可采用加大起翘或在隐蔽部位设省等方式解决。套头衫无法设计撇胸,解决前领口浮起最好的办法是将此量放在后领窝内消除,具体办法是将后领宽比前领宽开宽一个量(撇胸量),同样可以起到撇胸的作用。

(二)无领结构设计

一般无领是在原型基本纸样的领口设计新的领型即可,前、后领口形状、大小决定领子的视觉效果。由于领口的前后颈侧点是服装在人体上的着力点,前后颈侧点的位移应保持一定的连接关系,从而达到平衡。由于原型后片含有肩胛省量,一般在合体款式中将肩胛省量根据款式特点转移至领口、袖笼弧、下摆等处,对于无袖背心款式,通常在后片肩斜线两端去掉肩省量或留 0.3cm 缩缝量。无领常采用用贴边结构,贴边则是在领口线基础上绘制,与领口弧线相似,为了使贴边平伏,衣片中贴边处有涉及省道的位置时,通常将省道合并而获得最终的贴边结构。

1. 圆领

圆领是沿颈部呈圆形领口线的领型。原型衣片的领口也属于圆领的一种。领口大小可根据款式不同进行变化。此款圆领设计是在原型纸样领口线部位按设计要求画出领线的形状。保证了头部能自由伸出，因此不必考虑其他开口。此类无领设计常用于夏季服装款式中。画出领线形状后，再对齐前、后衣片肩线，对齐颈侧点，检查领口线是否圆顺，最后绘制领贴边。其绘制方法与步骤如图4-4所示。

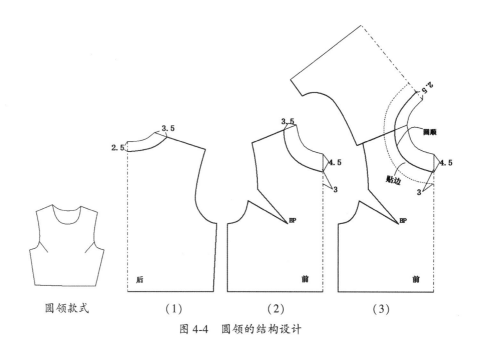

图4-4 圆领的结构设计

2. V形领

V形领的款式多样，有紧贴脖子的V形领，也有细长的深V领，还有短V领，在衬衫、连衣裙与套装中都有应用。套头式V领的深度除了晚礼服外，一般开口最深处在原型胸围线附近。对于紧贴脖颈的V形领型，后领深可在原型基础上向上0.3cm~0.5cm，这样外形会更加美观。其绘制方法与步骤与圆形领一样(见图4-5所示)。

3. 一字领

一字形领就是把领口横向开大，前领口在原型领口深的基础上提高，像船形，也称船形领。一字领的开口量可根据款式需要而定，若开得太大，前身的余量会在领口处浮出，因此可采用相应对策减少横开领的宽度。如图4-6所示，由于领口开宽较大，将前领口向上稍提1cm，后领开深可加大，将肩胛省转移至下摆。一字领设计在连衣裙中较为常见。对于此款无袖结构领型，贴边通常和袖笼贴边连裁，并且在连贴边中的省道直接合并即可。

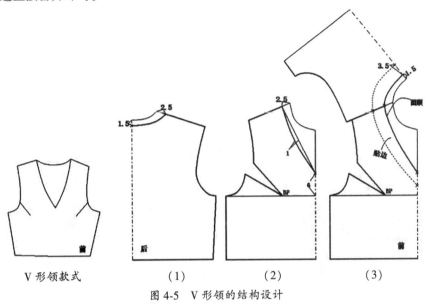

图4-5　V形领的结构设计

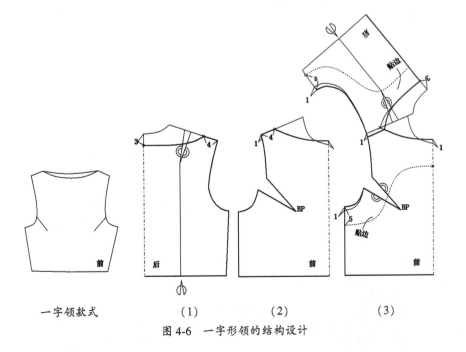

图4-6　一字形领的结构设计

4. U形领结构处理

此款为U形领，根据款式特点，将后肩胛省转移成领口省，由于U形领开得较大，为防止前领口出现浮余量，后横开领在前开领宽的基础上开大0.5cm，以保持前中心平伏(如图4-7a所示)；或(如图4-7b所示)将前领口弧线上折叠进去0.5cm左右，通过转省方式转移至胸省上，再对齐前、后衣片肩线，对齐颈侧点，检查领口线是否圆顺，最后绘制领贴边。以上两种处理此类型无领结构，最终都是遵循后横开领大于前横开领的原则。

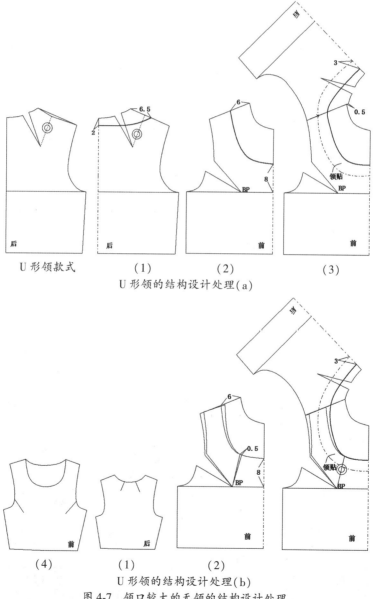

图4-7 领口较大的无领的结构设计处理

5. 左右不对称式无领

此款左右不对称式无领设计是在原型基本纸样上绘制，在绘制前片时，将前片左右两边对称展开，取前肩线中点设计前横开领大，根据款式特点绘制不对称式前领口形状，以前肩斜线长确定后肩斜线长度后再制后领口弧线。最后在前后片衣身上绘制贴边，并将贴边上有省位置将其合并，此时左右不对称式无领绘制步骤与方法如图4-8所示。

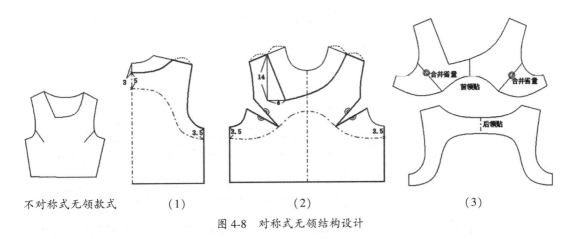

图4-8 对称式无领结构设计

第二节　立领结构设计

立领是指呈直立状、向上竖起紧贴颈部的领型，具有简洁、精悍、利落的特点，有较强的实用性，深受人们喜爱，在日常生活中应用较普遍的一种领型。

一、立领结构设计

由于人的颈部造型呈下粗上细的圆锥体，而领子与衣身领口弧线相连接，人体着装后，按照外观形态可分为直角式、钝角式、锐角式。直角式立领近似一个圆柱形，将其展开为长方形，现以原型前后领口弧长尺寸即领围/2为长，宽为立领的高度，即领宽，上平线为领上口线，下平线为领脚线，此时领上口线与脖子之间有一定的空隙。在领脚线长度不变的情况下，如图4-9所示，领上口线缩短，领脚向上弯曲上翘，起翘量越大，领上口线越短，抱脖越紧，着装的效果呈钝角式。锐角式立领起翘量变小，领上口线加长，且远离脖子，形成外口呈扇形状。以原型纸样前后片领口弧线长度不变情况下，设领宽4.5cm，搭门2cm，起翘量为1.5cm，反起翘量为1.5cm为例，分别绘制立角式、钝角式与锐角式三种立领叠门形式。

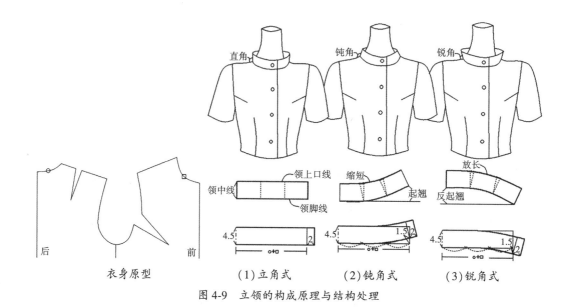

图4-9 立领的构成原理与结构处理

在结构设计中，立领的设计除了追求美观的同时，还需要穿着舒适，活动自如，领窝的取值必须大于人体颈根的截面范围，并且留有适度的松余量，使其利于颈部的运动。如锐角式立领起翘量不可太大，如果超过3cm，可通过挖大衣身横开领宽与深的尺寸，从而增大领脚线的长度，此时领上口线随之变长，可以保证人体舒适性。其次是领宽的高度需考虑颈部和头部的运动的规律与舒适度。另外，除了领型的高低和领角的方圆变化外，还有采用延伸、分割，组合、变型、褶叠等方法，变化出叠门立领、连襟式立领、偏襟立领、分割式立领及褶裥立领等立领式样。

如图4-10所示，此款为标准旗袍领，衣片领紧绕脖根，领外口线紧贴脖子，造型严谨。通常是依据原型领口弧线绘制，领宽为3cm~5cm，起翘量为0.6cm~1.5cm。其绘制方法与步骤如下：

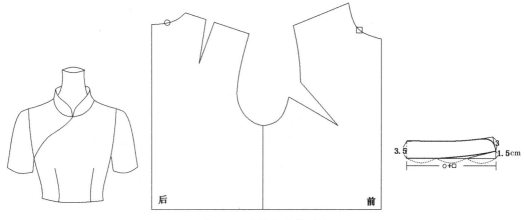

图 4-10 旗袍领结构设计

（1）绘制一个坐标轴，在纵轴上量取领宽 3.5cm，在横轴上取原型前后领口弧线长。

（2）将横轴的领围平分三等分，前中向上起翘 1.5cm，并绘制一条圆顺的曲线，在曲线右端点垂直向上画出前领宽 3cm，注意起翘前后的长度应保持不变。

（3）从后领宽顶点出发，画一条圆顺的曲线至前领宽处，且领上口曲线与纵轴垂直。

（4）根据款式设计旗袍的领角形状，完成领上口曲线，此时旗袍领绘制完成。

在外套款式中，立领较高，此时为了满足人体脖子的活动。除了加大衣身领口弧线外，立领起翘量选择不宜过大。如图 4-11 所示高立领结构设计，其方法与步骤如下：

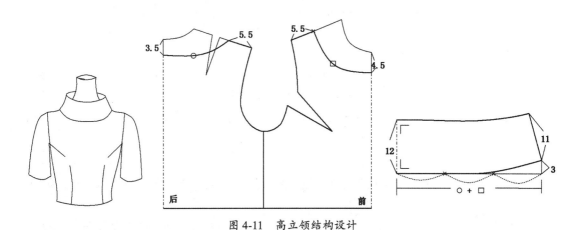

图 4-11 高立领结构设计

将原型衣身的领口开大，前后肩斜线长留 5.5cm，其余量在前后横开领宽中去掉。前领口下挖 4.5cm，后领口向下挖 3.5cm，使领围线变低，此时领围尺寸变大，画领子的结构时则使用新的领围尺寸。

（2）绘制一个坐标轴，在纵轴上量取领宽 12cm，在横轴上取新的前后领口弧线长。将横轴的领围长平分 3 等分，前中心向上起翘 3cm，并绘制一条圆顺的曲线，在曲线右端点垂直向上画出前领宽 11cm，注意起翘前后的长度应保持不变。

（3）从后领宽顶点出发，画一条圆顺的曲线至前领宽处，领上口曲线与纵轴垂直，完成领上口曲线，此时高立领绘制完成。

立领结构设计中，运用文化式原型打板时，如果领口弧线在原型样板的基础上发生变化，则需要借助衣身来设计衣领，以确保款式不变形、不走样，以领宽 4.5 低领口立领结构设计为例，具体操作方法与步骤如下（如图 4-12 所示）：

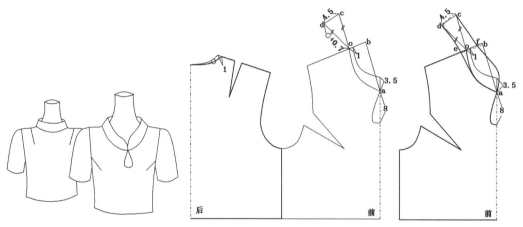

图 4-12　低领口立领结构设计

确定前后领口弧线。将后片横领宽增加 1cm，领深不变，绘制后领口弧线。将前片横领宽增加 1cm 确定点 o，前领深下挖 3.5cm，确定点 a，绘制前领口弧线。从而增大领子与颈部的松量。

画辅助线。以前片横开领宽点 o 为准，将肩线向前中心方向延伸衣领宽 4.5cm，确定点 b，同时连接 a 点与 b 点，画出辅助线。

画领子倾倒线。以颈侧点 o 为准画辅助线的平行线，取后领口弧线长加 0.7cm(加放数据应根据面料的厚薄而定,一般为 0.5cm~1cm),确定点 c。再以 o 点为圆心,以平行线 oc 线段为半径,倾倒领宽 4.5cm。此时领子倾倒线完成。

(4)画领子的轮廓线。在倾倒线 od 线段上画垂线,取领宽 4.5cm,画后中心线。将延伸线 ob 线段平分 3 等分,在 2/3 处找到 f 点,确定领外口线辅助点。将 f 点向左找到领宽 4.5cm 点确定点 e 或在 o 点向左取延伸线的 1/3 的量确定点 e,从而找到领底弧线的辅助点,最后经过辅助点画领子外口线和领底弧线,此时领子轮廓线绘制完成。

二、连身立领结构设计

立领还有一种特殊的结构叫做连身立领。连身立领是指立领与大身领口相连的组合式衣领。如敞开式领型中的连身立领、立驳连领结构、关闭式领型中的松身立领等。结构设计中,通常根据款式、面料特性等,通过分割、归拔、收省等技术,使脖子处平服,给人以理性、稳重之感,常应用于成熟女性套装之中。如图 4-13 所示,图中此款在原型领口弧线基础上绘制连身立领设计,且将胸省转移至领口,其方法与步骤如下:

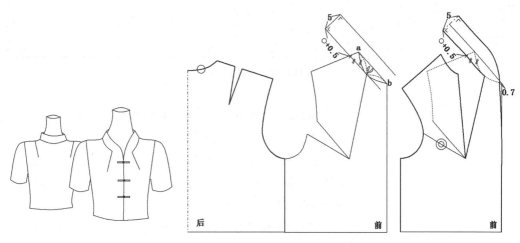

图 4-13 前领口有省连身立领结构设计

(1)画辅助线。将原型前片胸省尖点与领口弧线中点连接,画领口省辅助线。连接 ab 点,再画此线段的平行线,相切于领口弧线中点上,此线为领脚辅助线。

(2)画领脚线。向上延长领脚辅助线,在肩线交点向上取后领口弧线长加0.5cm(其长度视面料的厚薄而定),此线为连身立领的领脚线。

(3)画连身立领的轮廓线。画领脚线的垂直线,长为领宽5cm,以此点画领脚线的平行线并垂直于领中心线上,此线为领外口弧线的辅助线。

(4)画前衣片领上口与衣身连接弧线。在领外口弧线的辅助线向前中心方向画衣片领上口与衣身连接弧线并通过前中心线与领口弧线交点偏进0.7cm点相切于前中心线上。此时连身立领绘制完成。

如图4-14所示,图中此款为前片领口无省连身立领设计,其方法与步骤如下:

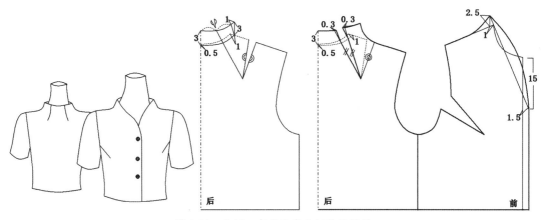

图4-14 后领口有省连身立领结构设计

(1)绘制后片立领辅助线。将后片横开领开大1cm,领深下挖0.5cm,,并将0.5cm点向上延伸3cm领宽,同时以1cm点向上画垂直线,长为领宽3cm,再依各点绘制后片领上口辅助线。从垂直线与领上口弧线交点向领口方向偏进1cm点并画圆顺弧线相切于肩线上。

(2)画后领口省中心线,将领上口线中点与肩胛省尖点连接,同时延肩胛省尖点方向剪开。合并肩胛省,将省量转移至后领口省,如上图所示重新画领省。

(3)画前衣片领口弧线。将前片横开领开大1cm点,同时以此点向上画垂直线,长为2.5cm,并将此点与领深下挖15cm点连接,再依各点绘制前片领上口弧线。

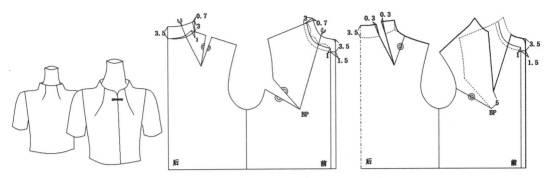

图 4-15　前后有领省式连身立领结构设计

如图 4-15 所示，图中此款为前后片领口有省连身立领设计，其方法与步骤如下：

(1) 绘制后片立领辅助线。将后中心线向上延长 3.5cm，后片横开领开大 1cm，以此点向上画垂直线，长为 3cm，再依各点绘制后片领上口辅助线。并在上口弧线取点连接至肩胛省尖点，画领省辅助线。从垂直线与领上口弧线交点向领口方向偏进 0.7cm 点。

(2) 画前衣片领口弧线。将前片横开领开大 1cm 点，领深下挖 1cm 点。同时画门襟宽 1.5cm 并将门襟向上延伸 3.5cm，以前片横开领宽点将肩线向前中心方向延伸衣领宽 3cm，并将此点向上抬高 0.7cm 点，再依各点绘制前片领上口弧线。

(3) 将后片领省辅助线延肩胛省尖点方向剪开，同时合并肩胛省，将省量转移至后领口省，如图 4-15 所示重新画领省及连身立领与肩线上的圆顺弧线。

第三节　翻领结构设计

翻领是利用了立领的变化原理，当立领外口线外倾程度增加，领子自身便会向下翻折，这时领子便会形成领座和领面结构，此类领型翻折倒向衣身的领子，即翻领，又称翻折领，是最富有变化、用途较广、结构较复杂的一类领型，可用于衬衫、春秋装、连衣裙及女套装中。根据翻领的结构特点，领面和领座为一片的结构，即连翻领。领面与领座分开的两片式结构，即立翻领。另外，有领座、领面和驳头三部分组成的驳领形式，即翻驳领，又称为西服领，结构上由肩部翻领与衣身的驳头部分组成，其原理与翻领在结构上是相通的。

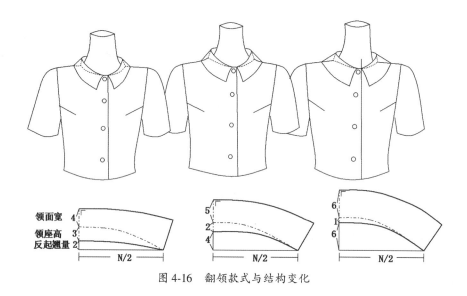

图 4-16 翻领款式与结构变化

通常翻领领座一般在 1cm~5cm，领面的宽度一般在 3cm~15cm。后领弧线向上翘，即反起翘量一般需 1.5cm 以上，领面宽最少要大于领座宽 1cm，以防领子翻折成型后装领底弧线外露。如图 4-16 所示，当前后领脚线长度不变，领座与领面差值发生变化的情况下。领座与领面差值越小，反起翘量也较小，衣领上口线越短，领座与领面的夹角越小，领子抱脖程度越好，领子造型越挺拔，在正式场合着装中较为常见。相反领座与领面差值越大，反起翘量也越大，衣领上口线越长，领座与领面的夹角越大，领子离颈越远，领面和领座之间贴紧情况越差，常用于日常休闲服装风格中。由此可见，反起翘量的大小决定了领子成型后领座和领面的面积大小及两者之间的贴紧程度。

如图 4-17 所示，当领座高不变，领面发生变化时，领座高与领面宽差值越大，领底弧线起翘也越大，衣领外口弧线越长，领座与领面的夹角越大。翻领在结构设计中，领底弧线的起翘值是关键。起翘值越大，衣领的外口线就越长，领面与领宽的差数就越大，领座与领面的夹角越大。领座与领面的夹角是在配制领子时衣领所需倾倒角度，即为倒伏量。倒伏量决定领底弧线起翘值的关键，只有掌握领座与领面的夹角即翻领的松量，就能更好地解决翻领配置中领子的倒伏量问题。如表 4-1 所示，翻领松量表就是根据穿着时领肩斜处，翻领与领座所呈现的夹角量，以及结构制图中驳口与领座翻折线所移位的夹角松量的一致性，来解决一切翻领配置方法。翻领松量表是根据领型条件，通过计算得出的，其主要是用于设计翻领时查找到倒伏量的参考值，表中领面宽与领座宽的单位为厘米，倒伏量为度。从表中可以看出领座与领面宽的差值直接影响倒伏量的大小。领座与领面差值越大，倾倒角度越大，衣领的外口弧线越长。此表适用于一切翻领与驳领的配置，当领口弧线呈"V"形时（如西服领），倒伏量按查表所得的值直接绘图。当领口弧线呈"U"形（如原型领口弧线、衬衫领），倒伏量则需按查表所得的值再追加50%。

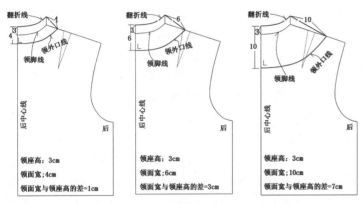

图4-17　翻领领座与领面的夹角与外口弧线变化

表4-1　　　　　　　翻领松量表　　　　倒伏量单位：度

翻领 cm＼领座 cm	1	2	3	4	5
2	27°				
3	39°	19°			
4	45°	30°	14°		
5	49°	38°	25°	11°	
6	51°	42°	32°	21°	10°
7	54°	45°	37°	29°	19°
8	55°	48°	41°	33°	26°
9	56°	50°	44°	37°	30°
10	56°	51°	46°	40°	34°
11	57°	52°	48°	43°	37°

续表

翻领 cm \ 领座 cm \ 倒伏量	1	2	3	4	5
12	57°	53°	49°	44°	40°
13	58°	54°	50°	46°	42°
14	58°	54°	51°	47°	43°
15		55°	51°	48°	44°

注意：此类领子单独配制较难把握，如连在正身上面配制，起翘值、倾倒值或倒伏量都很直观，其最后的着装效果也很直观，它比较容易把握。另外，此表需根据领座高与翻领宽的数值进行查表，即可找到对应的倒伏量。例：领座 3cm，领面 4cm，查上表可得到 15°。领座 3cm，领面 12cm，查上表可得到 49°。领座 2.5cm，领面 6cm 时，即从 42°~32° 可推算出 37°，领座 3cm，领面 5.5cm 时，即从 25°~32° 推算出 28.5°，领座 2.5cm，领面 4.5cm 时，即从 30°~25° 推算出 27.5°。

本书翻领制图中所标注的 3/4、2/5、3/5 等代表配领的条件，其中分母代表领面，分子代表领座高，同时根据配领条件查找配领松量表。如：3/5 = 25°，表示领面为 5cm，领座为 3cm，通过查找配领表所得倒伏量为 25°。of = 1.8，表示领座的平方除以领面（即 of = 3^2/5 = 1.8），确定 f 点，即可绘制出领翻折线。如：领口弧线呈"U"型时，领座 3cm，领面 4cm，倒伏量：3/4 = 14°+7°（追加 50% 倒伏量）= 21° 或 3/4 = 14°×1.5 = 21° 即可。

一、连翻领

连翻领是领面与领座相连接的领子，领面翻折后与人体颈部呈圆台形，以翻折线为界分为领座部分和领面部分。连翻领的结构形式主要有无领台与假领台两种形式。其配领方法通常根据领型特点分别采用：领与原型衣身分开绘制；直接在原型一片上绘制和将领型重叠在原型前后片上绘制三种方式。在原型衣身上进行绘制时，注意领口形状，凡是呈现"V"形领口的翻领，翻领松量可直接通过翻领松量表获得，另外，还需注意直开领宜低不宜高。凡是"U"形领口的翻领，翻领松量需在"V"形领口的翻领松量基础上追加 50%。

(一)无领台式连翻领

如图4-18所示,无领台式连翻领是根据衣身原型领口弧长尺寸,领座高度为3cm,领面宽度为4cm的女式衬衫领为例来进行讲解,款式图的装领只点到前中心,翻领松度较小,领面和领座贴合较紧,领外口弧线造型比较简单,可将衣领在原型衣身上绘制,其具体操作步骤与方法如下:

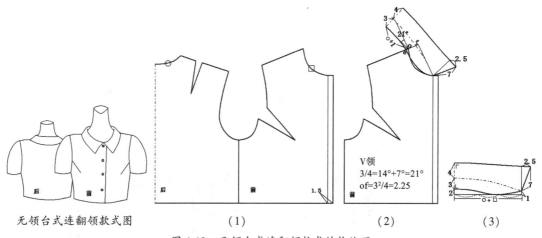

图4-18 无领台式连翻领款式结构处理

(1)复制原型前后衣片样板,画1.5cm叠门宽,再将肩侧点,即o点,向领口方向延伸领座高3cm,画辅助线。

(2)以o点画辅助线的平行线。

(3)画领子的倾倒线。按领座高3cm,领面宽4cm,查配领松量表,即可查得为14°,由于领口呈"U"型,因此在此基础上需追加50%,即为14°+14°×50%=21°。以颈侧点o为圆心,倾倒角度为21°,画领子的倾倒线,长为后领口弧线长加1cm。

(4)画领子的翻折线。从o点向领口方向取领座的平方除以领面,即$3^2/4=2.25$cm即可找到领面的翻折点,即为f点,再经过f点,即可画出翻折线。

(5)画衣领轮廓线。在倾倒线段上画垂线,取7cm(领座3cm与领面宽4cm)画后中心线。从f点向肩端点方向取领座3cm点,即为e点,经过e点,画领底弧线。再根据款式造型画领子的外口线,即外轮廓线。

如图4-19所示,此款在上款连翻领基础上增加量领口与颈部的松量，领面宽加大了1cm，因此在结构图绘制时，需将原型衣身前后片领口弧线针对款式特点进行调整后，再进行无领台式连翻领绘制，其绘制方法与步骤同上。

如图4-20所示，此款横开领在原型前后肩侧点向外放0.5cm，前片直开领在原型基础上向下挖5cm，领口呈现"V"型，此时翻领松量可直接通过翻领松量表获得，其绘制方法与步骤同上。

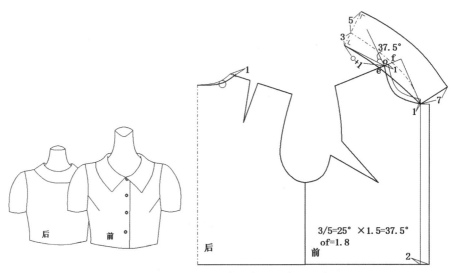

图4-19 "U"领口无领台式衬衫领款式与结构处理

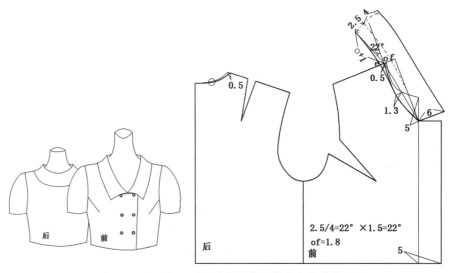

图4-20 "V"领口无领台式衬衫领款式与结构处理

如图4-21所示，此款为后开襟式连翻领，根据款式特点可直接在原型后中心处绘制门襟宽2cm，前后领口弧线不变。由于领口是呈"U"型，因此翻领松量需增加50%，其绘制方法与步骤同上，绘制完领子后，在领后中心处放出2cm搭门宽。

(二)假领台式衬衫领

假领台式衬衫领是从外观上看和立翻领设计很相似，很像有领台，实际上是一片式翻折领。其设计介于翻领与立领之间，在设计时有两种结构形式，一种是采用翻折领的设计方法，将领底弧线起翘，起翘量一般取1.5cm左右，如图4-22(1)所示；另一种是采用立领的设计方法，领子前中心附近领底线做向上起翘设计，前中心起翘量不宜太大，起翘量一般为1cm~1.5cm，如图4-22(2)所示；假领台式衬衫领由于款式中领子立起程度较多，从造型效果分析，前中心起翘式较领后中心起翘式更贴紧颈部，如图4-22(3)所示。

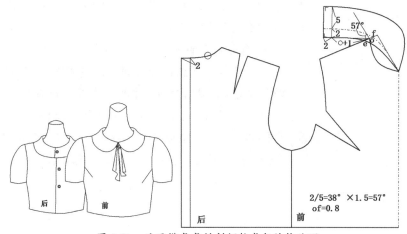

图4-21 后开襟式式衬衫领款式与结构处理

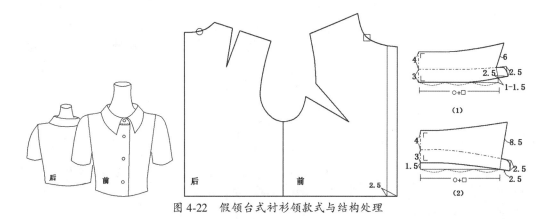

图4-22 假领台式衬衫领款式与结构处理

二、平领结构设计

平领是翻折领的一种特殊形式，是连翻领的一种，当领座高小于或等于1cm时，称之为平领，其特点是领面平伏贴在衣身上，几乎无领座的特殊领型，结构上平领领口线弯曲程度接近于前后领窝弧线弯曲程度，因此借助于原型前后衣身纸样，设计领子，采用衣身前后片领线拼接的方式进行，将更加直观和准确，而衣身领口形状也可以根据款式进行横开领宽和直开领深设计。平领的结构设计有肩部重叠和不重叠两种方式，肩部重叠量的大小根据款式而定，重叠量的大小和翻领松度呈反比。重叠量越大，领子成型后形成的领座部分越多；相反，重叠量越小，领子成型后的领座就越小。

在绘制结构图时，可采用领子在原型前片衣身上进行绘制，绘制方法同连翻领一致，另外还可以采用肩线重叠，在前后片上进行绘制。下面将用两种绘制方法进行绘制，并以重叠绘制手法讲述平领绘制方法与步骤。

（一）肩部重叠的平领

在进行该类平领结构设计时，通过将衣身前后片在肩部重叠，根据重叠量的大小控制平领底线曲度。如图4-23所示，图中此款为娃娃领的结构设计。娃娃领属于平领的一种，领型略扁，领尖为圆角，此类领型经常用于女装、童装的连衣裙及衬衫中，具有俏皮可爱的特点。重叠绘制手法绘制步骤如下：

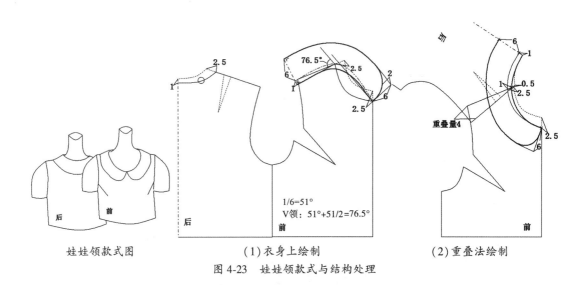

娃娃领款式图　　　　（1）衣身上绘制　　　　（2）重叠法绘制

图4-23　娃娃领款式与结构处理

(1)将原型衣身样片重叠,按图示重叠肩部时,领围处后领肩斜线放出0.5cm。

(2)画领脚线,根据款式设计,在原型衣身后片领口向下挖1cm,前片直开领下挖2.5cm,前横开领宽开大2.5cm,依次各点画圆顺弧线,即新的领口弧线。再依新的后中心线与横开领点,放出领座高1cm,并按图示画圆顺弧线,即领脚线。

(3)画后中心线与领上口线。在后中心线上取6cm领宽,确定领后中心线。

(4)参照领型款式设计画衣领外轮廓线。

海军领结构设计如图4.24所示。海军领因在海军制服水手服中多见,故而得名。海军领多用在校服、护士服等工作制服中。其绘制方法与步骤同上。

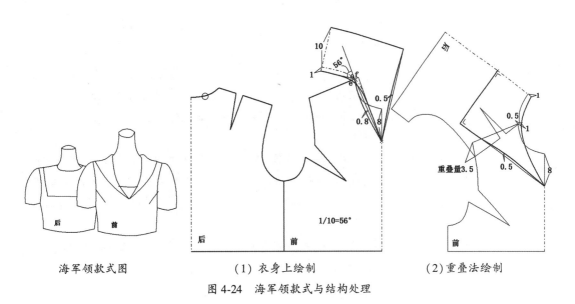

海军领款式图 　　(1)衣身上绘制 　　(2)重叠法绘制

图4-24 海军领款式与结构处理

(二)肩部不重叠的平领

肩线不重叠时,完成的平领领型外围线较长,衣领成型后平坦于肩部,可视作假翻领。在配领时同无领结构一样,需注意在宽领口和无省结构时,后横开领应大于前横开领。

如图4-25所示,图中此款为连衣帽结构设计,为平坦领结构,此类衣帽是在海军领的基础上加以变化而成,多用于休闲外套、大衣、风衣等款式中。其绘制方法与步骤如下:

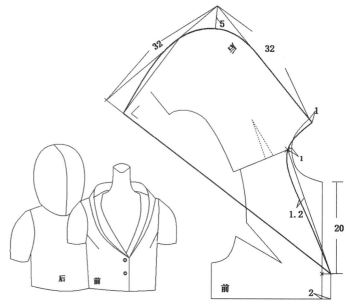

图 4-25　连衣帽款式与结构处理

（1）根据款式绘制领脚线。先将原型前后肩侧点对齐，肩线拼合，后片领口上台 1cm，前后横开领开大 1.5cm，前直开领下挖 20cm，放出门襟宽 2cm，依各点画圆顺弧线，即为领脚线。

（2）画连衣帽辅助线。在衣片后中心线上取帽子高度 32cm 为连身帽后中心辅助线。以此点如图所示画垂直线取帽子宽 32cm 为帽宽辅助线，并连接前片门襟处止点，即为连身帽外口辅助线。

（3）画连衣帽轮廓线。将连身帽后中心辅助线与帽宽辅助线加圆角，并与连身帽外口辅助线的垂直线相交，处理成圆顺弧线，此时连身帽外轮廓线绘制完成。

如图 4-26 所示，图中此款为平坦领结构设计，其绘制方法与步骤如下：

（1）根据款式绘制领脚线。先将原型前后肩侧点对齐，肩线拼合，后片领口下挖 1cm，前后横开领开大 2cm，前直开领下挖 2cm，依各点画圆顺弧线，即为领脚线。

（2）画后中心线与领上口线。在后中心线上取 5cm 领宽，即为领后中心线。

（3）参照领型款式设计画衣领外轮廓线。

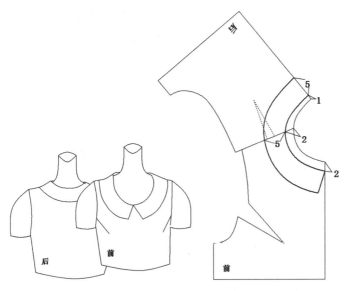

图 4-26　圆形平坦领款式与结构处理

（如图 4-27 所示）此款为披肩式坦领结构设计。其绘制方法与步骤同上。

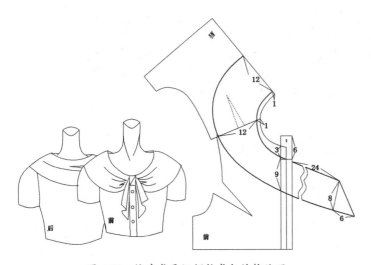

图 4-27　披肩式平坦领款式与结构处理

如图 4-28 所示，图中此款为波浪领结构设计。波浪领就是在平坦领基础上，领脚线长度不变，弧线弯曲度增大，其绘制方法与步骤如下：

（1）根据款式绘制领脚线。先将原型前后肩侧点对齐，肩线拼合，后片领口下挖1cm，前后横开领开大1cm，前直开领下挖15cm，依各点画圆顺弧线，即为领脚线。

（2）画后中心线与领上口线。在后中心线上取12cm领宽，即为领后中心线。

（3）画剪开线。领上口线与领脚线以肩线向两边画剪开线，并从上口弧线向领脚线剪开，均匀展开5cm。

（4）画外轮廓线。连接各展开点，同时将领脚线与领外口弧线画圆顺，此时波浪领绘制完成。

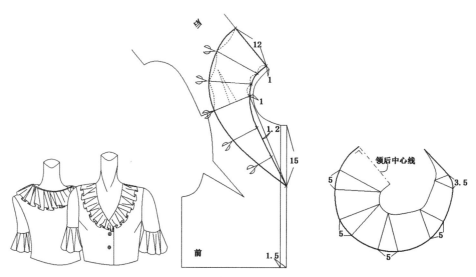

图4-28 波浪领款式与结构处理

三、立翻领结构设计

立翻领是指在配制领子时采用分割手法，将中间一部分去掉，使领座与领面分开，形成两片式的翻领，即为立翻领。其领座部分的领下口弧线呈上翘的形态，类似于钝角立领的领片结构，呈正圆台，领子的翻折线缩短，以达到颈部合体的目的。领面部分与一片式连翻领相同，由于领面要翻贴于领座外，因此分体翻领的领座上口弧线长和领面的下口弧线长度相等。另外，领子上口线需要足够的容量，通常利用反起翘值来调整领子外口线的长短，其结构呈向下弯曲状态，类似于锐角立领的领片结构。生活中常见的此类领型有男式衬衫领、中山服领等。

分体翻领的结构设计方法一般采用独立设计绘制领片的方法。根据款式造型需要及人体舒适度取值，一般领座后中宽度适中，取 2.5cm~3cm，领座上翘取 1cm~1.5cm，通常领面下弯取值是领座上翘量的 2 倍。领面下弯度小于领座上翘度，领面翻折后较紧贴领座；领面下弯度大于领座上翘度，领面翻折后远离领座。领座前中尺寸可适当减少 0.5cm。领面高度应大于领座高度，保证领面翻贴覆盖领座。如图 4-29 所示，图中此款为圆角合体衬衫领结构设计。合体衬衫领的装领弧线接近人体颈根围，领座立体程度较大，领面和领座之间贴得较紧。以款式为例，首先依据款式设计衣身领窝弧线，然后根据款式绱领止点方式，获得领口弧线长，独立绘出衬衫领的领座和领面部分。其绘制方法与步骤如下：

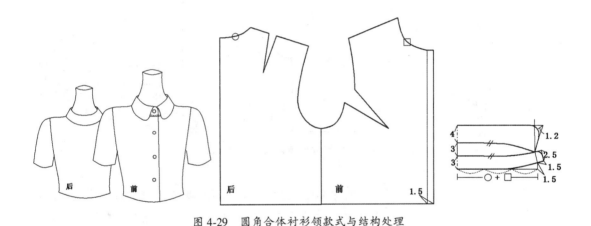

图 4-29　圆角合体衬衫领款式与结构处理

（1）在原型衣身分别测量前、后领口弧线长，确定搭门宽度 1.5cm（见图 4-29）。

（2）画领座。先画一个坐标轴，将横坐标的领围平分 3 份，在第 3 份点向上起翘 1.5cm，再依次将各点连接画顺领底弧线，并向前中方向延长 1.5cm 搭门量。在前中方向作领底弧线的垂线，长为 2.5cm，确定前中领座高。最后在纵向坐标轴上取领座高 3cm，画弧线连接至前中领座高点。注意起翘后前后领口弧线长度应保持一致。

（3）画领面。在纵向坐标轴（即领后中心辅助线）取领座宽 3cm 点再向上取领面反起翘量 3cm，连接弧线至前中心点上。最后画领子外口线，在纵向坐标轴上领面宽 4cm 点作垂直线，依款式造型设计需要，如图所示用圆顺的弧线画出翻领领面圆角及领座圆角线。

如图 4-30 所示，图中此款为休闲衬衫领结构设计。在休闲风格的衬衫中，衣身可根据需要开大领口，衬衫领的领座和领面之间空隙也较大，结构设计中领面尺寸可适当加大，领面下弯量大于领座上翘量，衣领型成型后领子随意自然，在绘制结构图时，首先将原型前后衣身样片领口进行处理，再测量新的领口弧线尺寸，绘制方法与步骤同上。

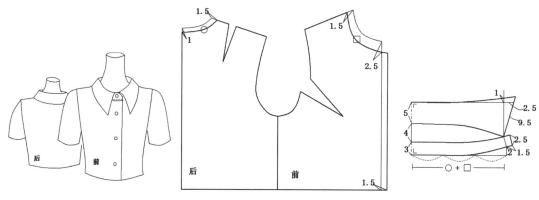

图 4-30　休闲衬衫领款式与结构处理

如图 4-31 所示，图中此款为风衣式立翻领结构设计。领座上翘小于翻领向下的弯曲度即反起翘量时，翻领容量大于领底，领面翻折后于领底之间的空隙较大，易于翻折，领型自然随意。其绘制方法与休闲风格的衬衫领绘制步骤一样。

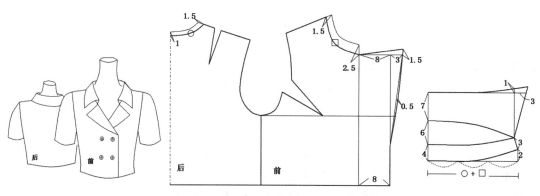

图 4-31　风衣式立翻领款式与结构处理

第四节　驳领结构设计

驳领又称翻驳领，由领座、领面和驳头三部分组成，是领子中结构较复杂的一种领型，在生活中最常见，适合于西服上衣、风衣、大衣及各类男女时装中。如图 4-31 所示，通过此图各部位对应名称可见，在驳领结构设计中，领面的宽窄、领座的高低、驳头的宽窄、驳口的长短乃至领角、驳头、串口等形态不仅影响其外观造型、风格，还影响其美观、舒适等重要因素。其中，领座、领面和驳头三者之间最为密切，既相互联系又相互制约。领座和领面的宽及驳头的止点三个要素，同时制约着衣领的结构形状，只要其中有一个发生变化，衣领造型也就随之产生变化。驳领造型多样，常见的驳领款式有平驳领、戗驳领和青果领等。

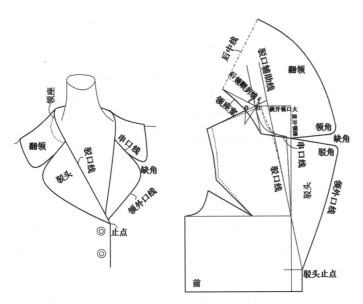

图 4-32　驳领部位制图名称

女装驳领是从男西服借鉴而来，基本上保持了男装西服领的特点，通常领座的宽度一般为 2cm~4cm，过宽会影响颈部活动及其舒适度，而领面与驳头的止点位置则根据服装造型而定。驳头的长短、交门和领腰的宽窄都会直接影响驳迹线的倾斜角度。串口线的高低及倾斜角度会直接影响领子的造型风格。在结构设计中，由于驳领的驳头与衣身相连为一体，具有平领的特征，其结构表现形式多样,如驳头与无领、立领形成翻驳头领与立驳领结构,以驳口线为界翻贴于衣身的肩胸处。还有将翻领、平领与驳头组合形成变化多样的驳领形式。

在绘制驳领时,通常情况下,需根据款式的特点将原型袖笼处胸省转至前中心 0.5cm~1cm,作为开敞胸量(即原型倾倒),同时为增加颈部的舒适度,将前、后横开领各开大 0.5cm~1cm。

如图 4-32 所示,图中此款为翻驳头领,是以无领式门襟敞开,驳头翻出的形式,是驳领变化的一种形式。其绘制方法与步骤如下:

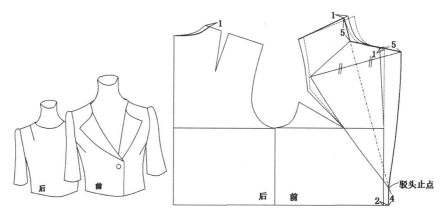

图 4-33　翻驳头领结构处理

翻驳头领结构处理方法与步骤如下:

(1)复制原型前后片样板,确定前后领口弧线。将前片原型倾倒 1cm,前后片横开领增加 1cm,领深不变,绘制前后领口弧线。

(2)放出搭门量 2cm,以腰围线向上取 4cm,画止口线,确定驳头止点。

(3)将新的前开领宽点与定驳头止点连接,画驳口线。

(4)从驳口线在肩部方向向下取 5cm,在衣身上画翻驳头款式造型线。

(5)以驳口线为轴,对称复制翻驳头领的外口弧线。

立驳领,是立领与驳头相结合的一种形式。立驳领的造型极其丰富,从领型结构上看,由于没有翻领部分,就不存在翻领夹角问题。驳头与领的组合可以有串口线和无串口线两种,即装领与连身领两种形式。

如图 4-33 所示，此款为装领式立驳领结构设，其装领式立驳领结构处理方法与步骤如下：

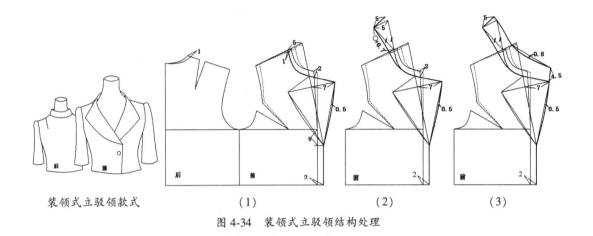

装领式立驳领款式　　　　（1）　　　　　　（2）　　　　　　（3）

图 4-34　装领式立驳领结构处理

（1）画衣身领口线。

①复制原型前后片样板，确定前后领口线。将前片原型倾倒 1cm，前后片横开领增加 1cm，直开领下挖 2cm，绘制前后领口弧线。

②绘制驳口线。放出搭门量 2cm，以胸围线向底摆方向延伸 5cm（衣领宽）。将延伸点与驳口止点连接，画驳口线。

③以驳口线为轴，对称复制翻驳头领的外口弧线。

（2）画领后中心线与领底弧线。

①画领子倾倒线。以新的横开领大点为基点画驳口线的平行线，取后领口弧线长加 0.7cm，再以基点为圆心，以平行线为半径，倾倒领宽 5cm（衣领宽），此时领子倾倒线完成。

②画领子后中心线。在倾倒线的线段上画垂线，取领宽 5cm，画领后中心线。

③画领底弧线。将前片领口延伸线 5cm 的线段等分三等分。将新的横开领大点向肩线方向取领宽的 1/3 的量确定领底弧线的辅助点，最后经过辅助点画领底弧线，此时领子轮廓线绘制完成。

（3）画衣领外口线。取 2/3 等分点，确定领外口线辅助点。将驳头外口弧线向上延长 4.5cm（前领宽），依次连接各点，画领外口弧线并垂直于后中心线，相交于前领角宽线上。

如图 4-35 所示，图中此款为连身式立驳领结构设计，其方法与步骤如下：

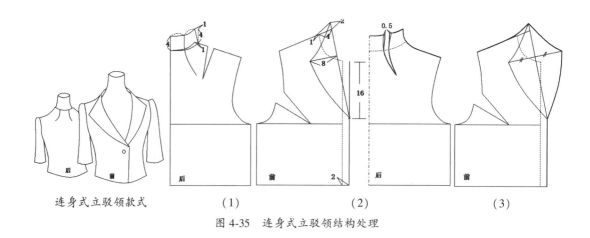

连身式立驳领款式　　（1）　　　　　　　　（2）　　　　　　　　（3）

图 4-35　连身式立驳领结构处理

由于驳领领口弧线呈 V 形，在配制翻驳领时，倒伏量可根据配领松量查表所得的值直接绘图。驳领翻折线方法则同领口呈 "V" 领的翻领的方法一样，以颈侧 o 点，向前中心方向取领座的平方除以领面找到 f 点，通过 f 点画领翻折线。

驳领用于外套服装时，里面通常穿着衬衫或者毛衣，这时要考虑领子的空间容量，根据款式适当加大原型领口弧线的开度，但因肩领要耸立在人体颈部，所以在领窝设计中，对前后衣片领窝的横开领要求很严格，开度不宜过大；后衣片的直开领也不可以设计过大，前衣片的直开领大小可以按驳领的领款决定串口线位置来确定。如图 4-36 所示的平驳头翻驳领，即平驳领其结构设计步骤如下：

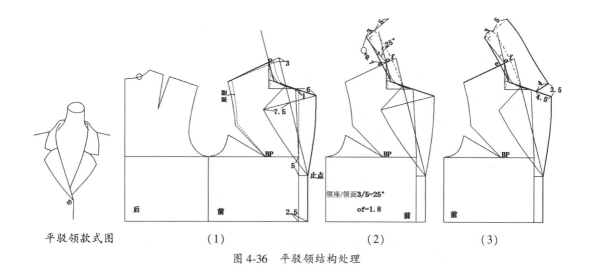

平驳领款式图　　（1）　　　　　　　　（2）　　　　　　　　（3）

图 4-36　平驳领结构处理

(1) 画平驳领的领口线。

①复制原型前后片样板，将前片原型倾倒 1cm，放出搭门量 2.5cm，以胸围线向底摆方向取 5cm，画止口线，确定驳头止点。

②以倾倒后的颈侧点 o 为准，将肩线向前中心线方向延伸 3cm（领座宽）。将延伸点与驳口止点连接，画驳口线。

③从颈侧 o 点向下取领口深的 2/3 等份点连接前中心线领口深点，并延长 6cm 画串口辅助线。将此点与驳口止点连接画弧线，级驳领外口弧线。

④以肩侧点 o 为准画驳口线的平行线，取后领弧长 + 0.7cm 画辅助线，并向下延长相交至串口辅助线上。

(2) 画领底弧线与领后中心线与领翻折线。

①画倾倒线。查翻领松量表，得知领座 3cm，领面 5cm，倾倒量为 51°，以颈侧点 o 为圆心，将驳口线的平行线以领口弧长加 0.7cm 为半径画倾倒线。

②从颈侧 o 点向前中心线方向取领座的平方除以领面宽，即 $3^2 \div 5 = 1.8$ cm 为 f 点，从 f 点向肩斜线方向量领座宽 3cm，确定 e 点，为画领底弧线做准备。

③作倾倒线的垂直线取衣领宽 8cm（领座高 3cm、领面宽 5cm），画衣领后中心线。

④垂直于后中心线，经过 e 点，画衣领领底弧线。

⑤在领后中心线取 3cm（领座高）点，经过 f 点，画衣领的翻折线。

(3) 画衣领的上口弧线与领缺口。

①在驳头串口线向领口方向取 4.5cm 点与向上 3.5cm 点连接，取翻领角宽 4cm。

②画衣领外口线。垂直于后中心线，相交于前领角宽线上。

此时平驳头西服领绘制完成。由于驳领造型变化多样，在进行结构绘制时，也可通过在正身上绘制衣领造型线，并以翻折线为轴，如图 4-35 所示，将衣领造型线对称复制，画衣领的外口弧线。

图 4-36、图 4-37、图 4-38 是平驳头宽驳领、戗驳头翻驳领、青果领的结构处理，其绘制方法与步骤都是一致的。

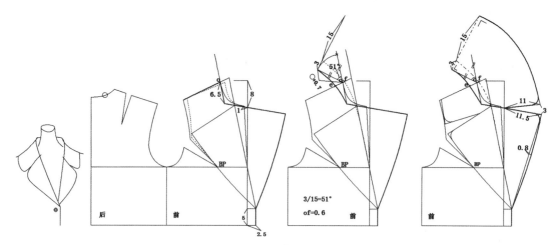

图 4-37　平驳头宽驳领结构处理

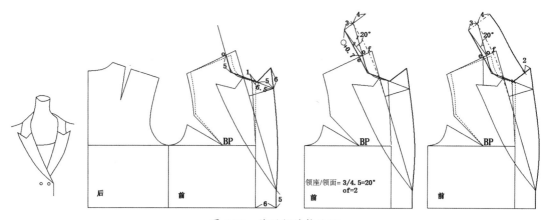

图 4-38　戗驳领结构处理

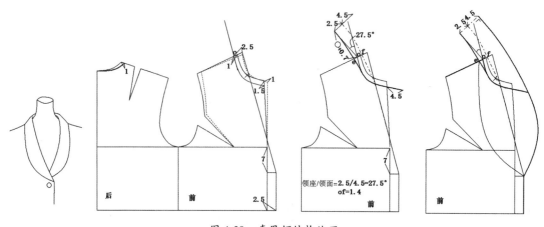

图 4-39　青果领结构处理

第五章 衣袖的结构设计

衣袖是构成服装款式造型的重要组成部分，其基本功能是御寒和适应人体上肢活动的需要。与衣领相比，袖子的功能性比装饰性显得更重要，它要求服装设计者在确保穿着舒适、上肢活动自如的前提下，对其进行多样化的设计。与领子相同，衣袖的款式变化多样，按袖子的长短可分为长袖、九分袖、七分袖、中袖、短袖、盖肩袖等；按袖子的片数有一片袖、二片袖、三片袖等；按袖子形状可分为灯笼袖、喇叭袖、插肩袖、落肩袖、连袖等；按袖子的结构形式可划分为无袖、装袖、连袖和插肩袖四大类。在袖子的结构设计时，可根据设计需要将袖子的形状、长短、片数综合运用，还可以在袖片上、袖口上进行打褶、收省、分割、钉扣等各种花样装饰，便会产生丰富多彩的袖型。如喇叭袖、灯笼袖、泡泡袖、花瓣袖、蝙蝠袖等。

第一节 无袖结构设计

无袖袖型是呈现背心式样，衣片的肩线较短，且露出肩膀的一部分，在衣片的袖笼上没有接缝袖片的一种特殊袖型。通常情况下，可分为宽松式，结构处理较为简单，只需要在原型的基础上将袖笼开深即可，如若穿在衬衫或毛衫外面，则根据款式的合体程度，来确定腋下点下降程度。

另一种是贴体式，就是可以贴身单穿，绘制时可在上衣原型基础上，将前后胸围可根据款式要求内收 1cm~2cm 左右，袖笼底点通常提高 1cm~2cm；以此减少胸围的加放松度，同时确保胸围线到达腋下处，防止手臂活动时露出内衣。无袖袖型从肩线结构变化可分为背心式无袖袖型和出肩式无袖两大类，由于它具有简洁、轻便的特点，被广泛应用于夏装、休闲装、背心、马甲等，同时在时装领域、晚礼服及各类连衣裙款式中随处可见。

一、背心式无袖款式设计

背心式无袖款式表现为服装肩线内收，肩点处于人体肩端点以内。在运用文化式原型进行合体式的袖笼弧线时，将前、后胸围大点各向内收 1.5cm~2cm，以此减少胸围加放松量。同时将胸围线向上抬高 1cm~2cm，以防止胸部暴露的情况。前胸宽与后背宽则根据款式特点进行调整，如肩线内收较多时，胸省转移至袖笼部位，以多收 1cm 省的方式来缩短袖笼弧线，来确保袖笼处服帖。无袖的袖笼形状可任意设计，如直线型、曲线形、弧形、抹胸等。

如图 5-1 所示，图中此款为夏季较合体背心款式，胸围较合体，结构处理时需要减少围度松量的同时，缩短肩线，且袖笼底点适当抬高 1cm~2cm 的量。其绘制方法与步骤如下：

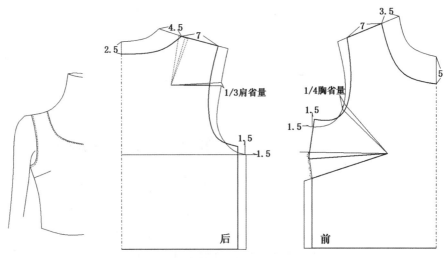

图 5-1 收省式无袖背心的款式与结构处理

对原型进行处理，先将前片袖笼弧上胸省留1/4松量，其余量转移至腋下，后片肩胛省1/3量转移至袖笼作为松量。

在此基础上，前片领口开大3.5cm，取肩线7cm，直开领深下挖5cm，后片领口开大4.5cm，下挖2.5cm，后片肩线依前肩长度取值。

前后袖笼底点向上抬高1.5cm，胸围收进1.5cm。此无袖为贴体式袖口袖，这是最基本的圆袖笼，在缝制时，在袖笼处略微归拢，可采用欠条滚边或贴边工艺。

如图5-2所示，图中此款为分割式无袖背心，为贴身结构设计，结构处理时将1/4胸省作为袖笼松量，其余部分在分割线中去掉，同样将后片2/3肩省转移至袖笼弧线上，并通过分割线去掉，由于肩点向内收进较多，可在此基础上适当追加1cm省量方式，以达到袖笼与人体之间的服帖程度。其绘制方法与步骤如下：

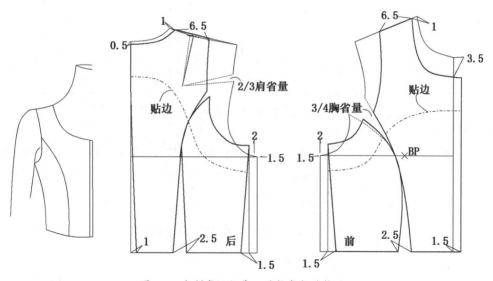

图5-2 分割式无袖背心的款式与结构处理

（1）对原型进行处理，画前片袖笼弧上留1/4胸省松量，腰节处2.5cm省量，如图所示画圆顺分割弧线，将余量在分割线上去掉。后片肩胛省的2/3转移至袖笼，腰节处2.5cm省量，如图所示画圆顺分割弧线，将余量在分割线上去掉。

（2）在此基础上，将前后片领口开大1cm，取肩线6.5cm，后片领口下挖0.5cm，前片领口下挖3.5cm，门襟宽1.5cm。

（3）前后袖笼底点向上抬高2cm，胸围收进1.5cm，为贴体式袖口袖。在缝制时，在袖笼处略微归拢，可采用欠条滚边或贴边工艺。

如图5-3所示，图中此款为露肩式无袖背心，前后领口抽褶式结构设计，结构处理时先分别将胸省与肩胛省分别转移至领口，其省展开量作为抽褶设计。在新的领口弧线上如图取点连接画新的袖笼弧线，其绘制方法与步骤同上。

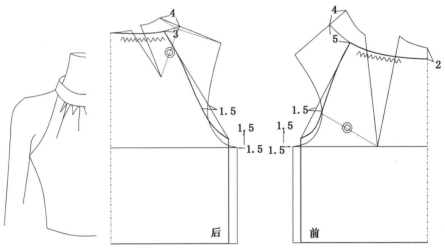

图5-3 露肩式无袖背心的款式与结构处理

如图5-4所示，图中此款为脖带式无袖背心，前中心抽褶式结构设计，结构处理时将胸省转移至前中心，其省展开量作为抽褶设计，其绘制方法与步骤同上。

二、出肩式无袖款式设计

出肩式无袖款式特点是服装肩线加长，盖过人体肩端点，给人以简洁大方的感觉。结构处理时衣片的袖笼点往往要下降，下降的程度视款式的合体情况决定（见图5-5）。该袖型在制图时要注意检查前后肩线拼合后，前后袖笼线是否顺畅。在缝制工艺上有滚边法和贴边法两种。

如图5-6所示，首先对原型进行理，前片胸省的3/4转移至腋下，1/4胸省量留做袖笼松量。后片肩胛省转移2/3的量至袖笼，在此基础上前片肩线延长4cm，袖笼底点开深1.5cm；后片肩线依前肩长度取值，袖笼底点开深1.5cm。

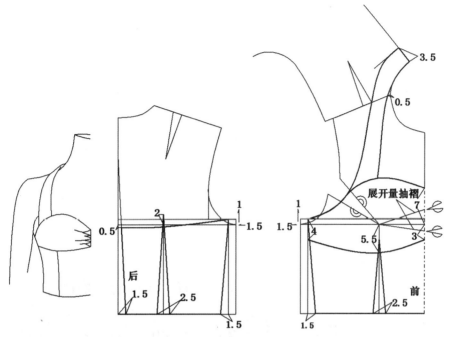

图 5-4 脖带式无袖背心的款式与结构处理

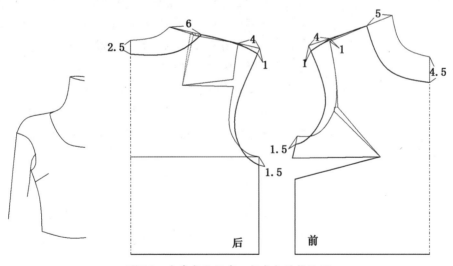

图 5-5 出肩式无袖背心款式与结构处理

图 5-6 中的款式为出肩式无袖背心款式,袖口呈圆弧状设计,由于出肩长度较长,肩线盖住上臂较多的一种袖型也称连身短袖。在进行结构处理时,可根据款式特点,袖笼底点适当在原型纸样的基础上向下开深。

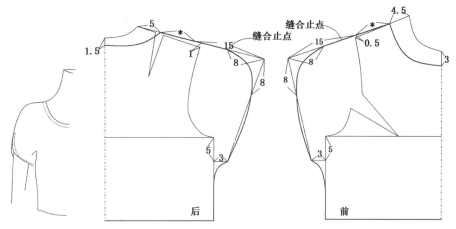

图 5-6　出肩式无袖背心款式与结构处理

第二节　装袖的结构设计

装袖是指袖片在臂根围处与衣片缝合连接成为一个整体的一类袖型，此类袖型造型丰富多彩，款式千变万化，既有活泼可爱的泡泡袖、灯笼袖，也有造型夸张的喇叭袖和随意、休闲的落肩袖，还有简洁的盖肩袖和各类长袖、短袖，故被广泛地运用于春夏秋冬四季的各类服装中。该类袖型由于要与衣片缝合，因此在进行袖片制图时必须先测量衣片的袖笼弧长，制图结束时还应检查衣片的袖笼弧长和袖片的袖山弧长的配合关系。从结构形式上可分为一片袖和两片袖；从造型风格上可分为合体袖与宽松袖。装袖的结构设计是依据文化式原型袖的基础上进行的，利用文化式原型一片袖，可以进行多种不同袖型的结构设计。

一、文化式原型袖

文化式原型袖是在原型衣身的基础上进行的，在绘制时需将原型袖笼上的胸省合并，依图所示确定袖山高，并运用衣身取袖方法在原型衣身上进行袖子原型绘制，同时绘制衣身袖笼弧线与袖子原型袖山弧线上的对位记号（具体绘制步骤见第二章第四节）。在袖肥线上将文化式袖子原型袖中线与袖肥线的交点，向两边平分 2 等分，分别绘制前袖中线与后袖中线，其各部位及线条名称如图 5-7 所示。

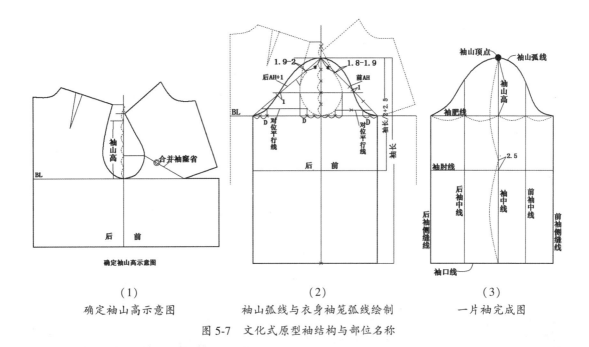

（1）确定袖山高示意图　　（2）袖山弧线与衣身袖笼弧线绘制　　（3）一片袖完成图

图 5-7　文化式原型袖结构与部位名称

二、袖子基本结构分析

袖子的基本纸样在制图时一般在衣身基本纸样上完成，制图时需确定袖长并测量衣身前后袖笼弧线长尺寸。袖山高与袖肥宽及袖山弧线都是以衣身袖笼弧线长（AH）计算而得。在进行结构设计时，需了解原型袖的结构原理和变化规律，才能运用自如地进行各种袖型的结构设计与变化。其结构变化如下：

（一）袖山高与袖肥之间的关系

袖山高是指袖山顶点至袖肥线之间的高度，袖山的高低与袖子的造型及合体程度起着决定性的作用，是制约袖型的关键因素。袖山的高度与袖肥成反比。袖子的宽窄来源于袖山的高低，相同袖笼弧长，袖山越高袖肥越窄，反之，袖山高越低，袖肥越宽。袖山的高度制约着袖子与衣身的贴体程度，袖山增高，则袖横变窄，袖子的贴体程度加强，松量减少，反之，袖肥变宽，袖子的贴体程度减弱，且松量变大。通常情况下，宽松风格的服装，袖山高一般控制在 0cm~8cm；较宽松风格的服装，袖山高一般控制在 8cm~12cm；较贴体风格的服装，袖山高一般控制在 12cm~15cm；贴体风格的服装，袖山高一般控制在 15cm~18cm（见图 5-8）。

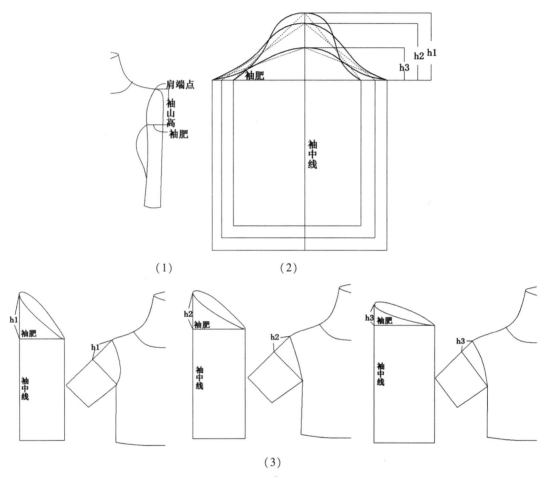

图 5-8 袖山高与袖肥变化

(二)袖山弧线与衣身袖笼弧线的关系

袖山结构是袖子造型的重要部位,袖山结构涉及衣身的袖笼结构和袖片的袖山结构。由于人的上肢活动主要方向是向前的,为适应人体活动功能,袖笼应偏重前面,衣身前片袖笼挖空面积大,后片袖笼挖空面积小,且前袖笼弧线比后袖笼弧线更弯曲。袖山弧线与衣身袖笼弧线必须对应,才能在制作时准确无误地缝合。在袖子与袖笼缝合的工艺中,通常在肩缝区域留一定"吃势"的余量,从而使服装适应上肢自由运动的功能,同时增强外观效果。因此,袖子的袖山弧线尺寸大于衣身袖笼尺寸的数值,根据不同款式类型与面料性能,一般其取值范围在 2cm~4cm。另外,要想保证袖子造型风格的完美，就必须考虑的相互匹配关系，保持两者的风格一致。

袖子的结构设计应考虑舒适与运动功能的要求，其造型设计的风格应与袖山的高度与袖笼深度的变化相匹配。如图 5-8 所示，在选择低袖山的结构时，袖笼深度应该加大，袖笼宽度则应减窄。当选择高袖山的结构时，袖笼深度则应减小，袖笼深度越小越贴近腋窝，形状接近原型袖笼的椭圆形。这些结构的相应变化都是从活动的功能来考虑的，因为，当袖山高度接近最大值时，袖子与衣身为贴身状态，这时的袖笼靠近腋窝，其袖子的活动功能为最佳。反之，袖山高很高，袖笼也挖得很深，在结构上远离腋窝而靠近前臂，这种袖子虽然也贴体，但手臂上抬运动时会受到袖笼的牵制，而且袖笼越深，牵制力越大。当袖山很低，而袖笼深度在原型袖的基础上不变时，如果手下垂，腋下就会堆积很多余量而产生不舒适感。因此，袖山的高低与袖笼的深浅是存在着一定的比例关系的。

原型的袖笼弧线与袖山弧线不论是在形状上还是在风格上都是比较匹配的，它更适合较合体的服装造型风格，如图 5-9 所示。

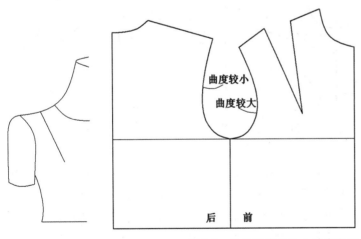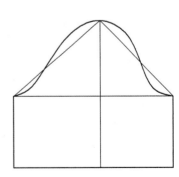

图 5-9 袖笼弧线与袖山弧线变化

如果袖山高在原型的基础上加高，则窿门宽度需增宽，袖笼的椭圆形状会发生较小的改变，它更适合合体的服装造型风格，如图 5-10 所示。

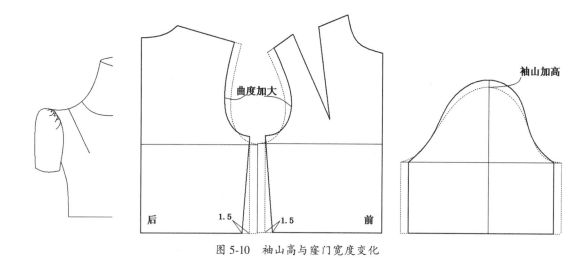

图 5-10　袖山高与窿门宽度变化

如果袖山在原型的基础上减低,则袖笼深度会加大,窿门宽度减窄,袖笼的弧线呈偏圆状,如图 5-11 所示。

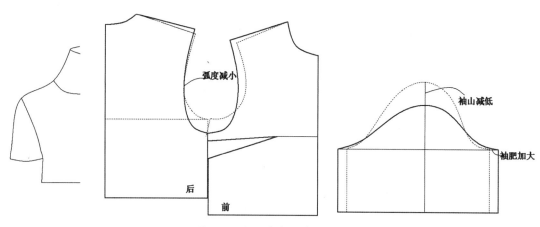

图 5-11　袖山高与袖笼深变化

要使袖子的造型美观,除了考虑袖山的高低与袖笼的深浅相互匹配外,还需考虑袖山弧线与袖笼弧线的形状以及袖山弧线的缩缝量等,必须考虑到袖山弧线与袖笼弧线的对应关系。

袖山弧线的缩缝量是与袖山的高低及面料的性能有关的。从上图中我们得知,原型的袖山弧线曲度适中,因而缩缝量也适中,其量一般在 2cm 左右。合体的服装袖山加高,曲度加大,缩缝量也随之加大,反之则减小。缩缝量的大小还随面料的性能及厚薄而变化,面料加厚,缩缝量增多,面料减薄,缩缝量减少。

缩缝量的分布也是很关键的，它的好坏直接影响到袖山造型的圆顺及饱满。为了使袖子缝合后能很好地吻合衣身，除了以上分析的之外，还有一点关键的是袖山底弧线与袖笼底弧线的吻合。合体风格的服装，袖山底弧线与袖笼底弧线的形状，而宽松风格的服装袖横宽、袖笼窄，袖山底弧线与袖笼底弧线不必吻合。

三、一片袖结构设计

一片袖亦称平袖或衬衫袖，其变化是在原型袖的基础上进行。一片袖从形式上可分为贴体袖和宽松袖。

(一) 合体型一片袖结构设计

合体型一片袖是根据人体手臂自然下垂时，上臂与人体呈直立状态，而下臂则是向前弯曲7°左右的特点，在进行结构处理时，将袖中线略向前倾，袖肥收窄、袖山提高，袖口收小，使手臂自然下垂时腋下无褶皱，形成合体状。通常将袖中线前倾使衣袖吻合人体手臂前曲造型同时，袖口做收省处理或将前后侧缝长度差在袖肘缩缝或收省处理两种形式。袖口大小一般在9cm~10cm。

下面将介绍袖口省的贴体袖。袖长为54cm，袖口大小为10cm。

袖口省的具体操作方法如下：

(1) 确立袖口大

①复制原型袖样版，将袖中线从肘线开始向前偏移2cm，确定新的袖中线。

②以新的袖中线确立前后袖口大尺寸。前袖口大为9cm（袖口在-1cm），后袖口为14cm（袖口大+1cm+省大3cm）。

③按住d点与c点，分别向新的袖中线方向旋转至前后袖口大点上，得到线条db-5ac。

(2) 画合体袖轮廓线

①确立前后内缝线。在袖肘线处作出前后袖弯1cm，完成前后内袖缝线。

②画袖口省，并修顺袖口弧线。

(3) 画袖口省，并将前、后袖下缝线进行修改（见图5-12）。

肘省贴体袖的具体操作方法如下：

只需要在袖口省的基础上将袖口省转移成肘省即可（见图5-13）。

(二) 宽松型一片袖结构设计

宽松式的一片袖多为夏季所用，其造型给人活泼、轻快的感觉。如图5-14所示,图中此类款式的局部变化较丰富,有袖山部位收褶的,有袖口部位收褶的,有整个袖山膨松的,等等。结构变化时,常常采用样片剪开移动、样片分割、褶展开等手法将袖子展开、变形,然后将袖子弧线画顺。

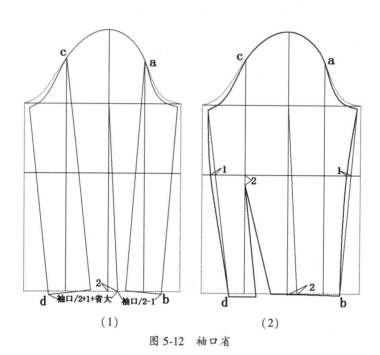

图 5-12 袖口省

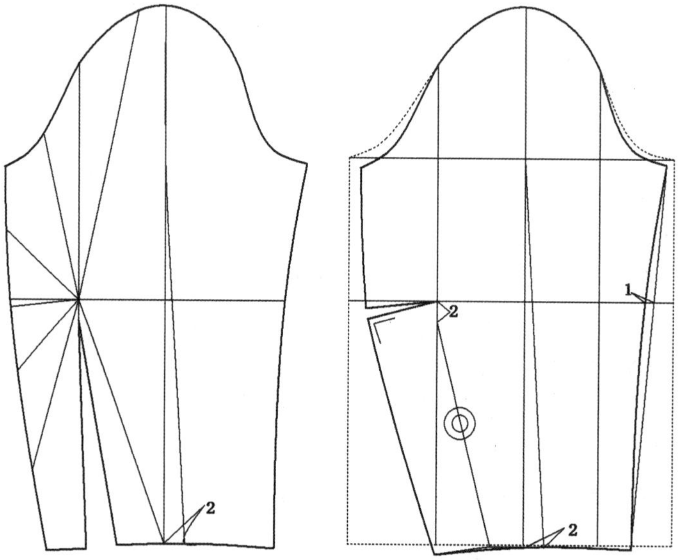

图 5-13 袖口省转移成肘省

1. 落肩袖

该类袖型的特点是衣片的一部分成为袖山，而使袖子的袖山降低，衣片的肩线变长，成为落肩的形式，如图 5-14 所示。在衣片的处理上往往腋下点下降，衣片的围度也较大，故袖子的袖肥较宽，给人以随意、休闲之感，通常应用于各类衬衫、休闲服、运动服、夹克衫等服装中。

2. 喇叭袖

该类袖型是一种袖口敞开并可以自由摆动的袖子，由于它的形状像喇叭，故称为喇叭袖。袖口敞开量有大有小，但总体表现在袖口线上放出的褶量比袖宽线上的要大，其宽度和长度可视款式而定。这种袖口可以用在任何袖子上，因此喇叭袖可变为泡泡袖。制图要点：先画出袖子的基本样板，再用剪开的方法将袖口的量加大。

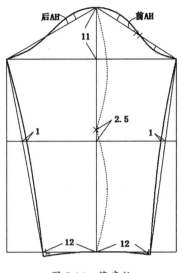

图 5-14　落肩袖

袖口增大构成喇叭形的衣袖称为喇叭袖，是宽松袖的一种，结构处理时可通过切展的方法增加袖口量。由于袖山曲线形状复杂，实际操作中可通过均匀或非均匀切展的方法增加袖口大小，然后在不改变袖山曲线长度的情况下，修正袖山曲线，如图 5-15 所示。

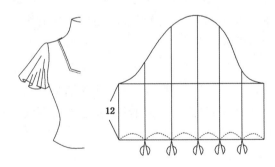 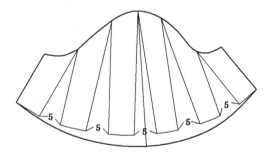

图 5-15　喇叭袖

喇叭袖表面上是增加袖口大小，实际在增加袖口量的同时，其袖山高和袖山曲线的形状均发生变化，袖口切展的量越大，袖子宽松程度越大，其袖山越低，袖山曲线越趋向平缓。当袖口增量较小时，可选择直接在前后侧缝处增加袖口量来实现。

同时，可对袖子进行横向或纵向分割，对分割局部袖口进行切展增大处理,以形成不同风格、不同造型的喇叭袖。

3. 泡泡袖

泡泡袖指衣袖与衣身缝合时,袖山曲线大于袖笼曲线而在肩部形成褶或者衣袖袖口与克夫缝合时,袖口尺寸大于克夫尺寸形成褶的造型。前者可称为肩泡袖,如图 5-16 所示。后者可称为袖摆泡袖,如图 5-17 所示。褶裥的形式有均匀细褶和非均匀细褶,还可以是有规律的褶裥。由于它的形状夸张,故常用于童装、女装、舞台服装及礼服中。

肩泡袖是一种极富于女性化特征的女装局部样式,肩部缝接处有或多或少、或密或稀的碎褶。肩泡袖在历史上较为著名的一次流行发生在 19 世纪初,当时流行的高腰长裙即用小泡袖。后来,肩泡袖变大且蓬起扩展至整个上臂形成羊腿袖或悬钟袖。

制图要点:先画出袖子的基本样板,再用剪开的方法将袖山剪开或将袖山和袖口都剪开,再在袖口处通过制作合体的袖克夫、打褶裥、收省、滚条及松紧带收小等方法来完成。

4. 灯笼袖

肩部泡起、袖口收缩、袖体呈灯笼形鼓起的袖子称为灯笼袖,该袖是肩泡袖和袖摆泡袖的组合。可采用平行切展的方法,将袖山和袖口同时增大,再修正袖山曲线和袖口线,袖口设袖克夫,如图 5-18 所示。

5. 羊腿袖

羊腿袖在袖肘以上通过剪开纸样并展开加大袖肥方式,使袖山弧线上加入较大褶量,同时增加袖山部位的饱满度,袖肘以下较为贴体,使袖子造型呈羊腿状,常称为羊腿袖。此造型常用于婚纱或礼服中,如图 5-19 所示。

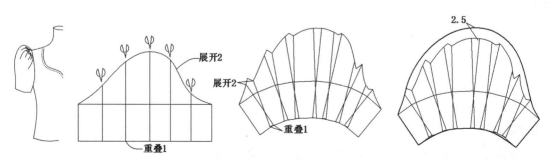

图 5-16　泡泡袖

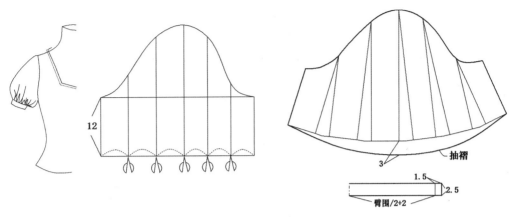

图 5-17　袖摆泡袖

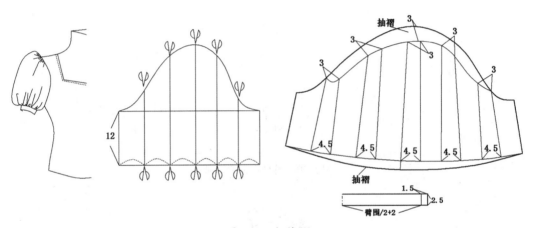

图 5-18　灯笼袖

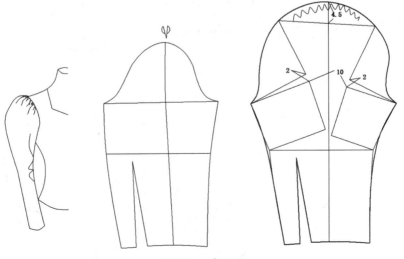

图 5-19　羊腿袖

6. 横向分割泡袖

在合体一片式基本袖肘上，通过纵向分割及剪开方法获取花球泡袖，拉开放出的量比较自由，如图 5-20 所示。

7. 装饰泡袖

袖子造型细长而紧身，在袖山中部，采用纵向分割并通过展开移动的方法，获取装饰花球造型的抽褶量，如图 5-21 所示。

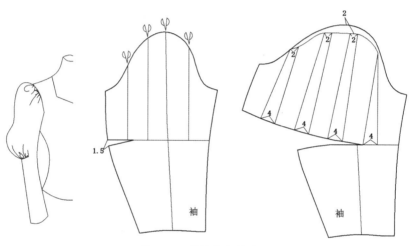

图 5-20　图横向分割泡袖

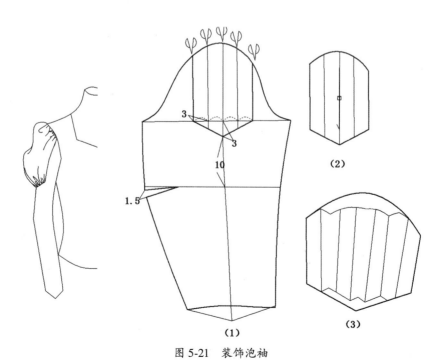

图 5-21　装饰泡袖

四、两片袖的结构设计

两片袖亦称圆装袖,其结构在原型袖的基础上变化修改而得,是由大、小袖片两部分组成的袖型。在表现形式上可分为合体型两片袖和宽松型两片袖,常用于西服、套装、大衣、夹克衫等服装中。

(一)合体型两片袖结构设计

合体型两片袖与合体型一片袖的结构原理基本相同,但其合体度要求却很高。在进行合体型两片袖结构处理时,将袖中线修改成符合人体手臂形状的曲线即为前后基础线,通过除掉袖口的多余量,同时采用大小袖互补原理实现衣袖的立体造型。互补量越大,大小袖面积差越大,立体效果越好,但加工工艺越困难;互补量越小,立体效果越差。两片袖的前、后片互补量可以是同一个量,也可以是不同量。后片互补量上、下可以是同一个量,也可以是不同量,但前片互补量上、下一般是同量。通常情况下,前片互补量大于后片,目的是使袖子前片尽可能隐蔽结构线,使前袖片结构更完整,需根据款式和面料的性能确定。一般互补量在2cm~3cm。下面我们将分别介绍无袖叉和有袖叉的两片袖,袖长为54cm,袖口大为13cm。

无袖叉两片袖的具体操作方法如图5-22所示。

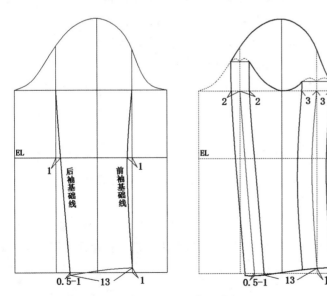

图5-22 无袖权两片袖

合体型两片袖通常利用大、小袖片的外侧缝,在袖口设计开衩或开口,同时在大袖片的袖衩上定缝装饰扣,装饰扣常见的有两颗扣、三颗扣与四颗扣等形式,开衩与开口尺寸因款式的设计、扣子的数量、直径及面料的厚薄会有所不同。现以扣子直径1.5cm为例,列出三种不同扣位形式。如图5-23所示,由袖口底边向上量取开衩高度设计量作为开衩止点。通常两颗装饰扣,开衩高度7cm~8cm,三颗装饰扣9cm~10cm,四粒装饰扣10cm~11cm,根据扣子直径的大小确定扣眼位置,扣眼位置的确定是从开衩止点垂直向袖内缝量取1.5cm~1.7cm,作为扣眼位置中点。

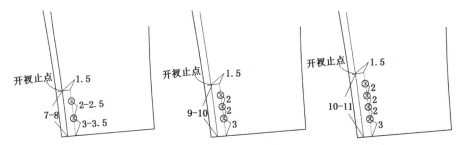

图5-23 常见两片袖扣位设计

以下是两款有袖衩两片袖结构图绘制,袖衩为两颗装饰扣,其制图方法与绘制步骤与无袖衩两片袖基本相同,首先要确定前、后袖基础线,其次在基础线上设计前、后偏袖线,只是后袖缝线的袖口部分有所不同(见图5-24)。

(二)宽松型两片袖结构设计

宽松型一片袖结构处理主要通过切展方式,根据款式特征需要进行袖体整体或局部增量,使衣袖呈现飘逸、舒适的特征。

宽松型两片袖通常用于夹克衫、休闲外套等款式结构中,结构设计时首先减小袖山高,根据衣身袖笼大小确定袖肥,一般在袖后片做分片处理,袖口通常有袖克夫。

如图5-25所示,图中此款为两片式宽松袖,袖山降低,袖肥较大,因此手臂的活动量较大,袖口打褶后,用袖克夫固定,在夹克衫中较为常见。

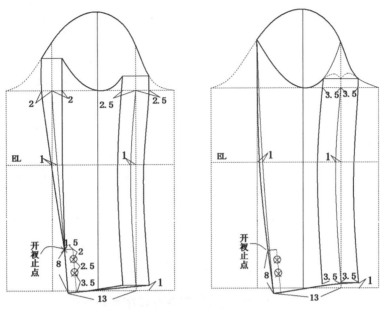

图 5-24 有袖衩两片袖

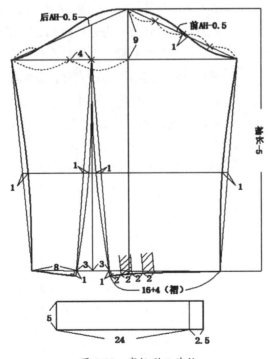

图 5-25 宽松型二片袖

第三节　连身袖结构设计

连身袖是指袖子与衣身整体或局部某些部分相连而形成一体的袖型，其袖笼部分结构线或袖笼结构线全部消失，袖与衣身片相连的量和形状的选择，即袖子增加某种形状的部分，同时在对应的衣身上减掉，这在结构中表现为互补关系。从其结构特征可知连身袖的袖中线倾角和调节连身袖舒适性与人体运动机能即腋下活动量的大小，直接影响连身袖风格造型。在处理连身袖款式时，一般后袖口大于前袖口 1cm～2cm，以避免袖中线向后偏斜。后袖下缝线处还可以加肘省。根据连身袖结构特征，主要有三种形式，即融合式连身袖、插肩式连身袖、腋下插片式连身袖。

一、融合式连身袖结构设计

融合式连身袖是指衣身与袖片融为一体，没有袖笼线，衣身肩斜线延长线与袖中心线形成的倾角大致范围在 0°～20°，衣身袖笼弧线与袖身袖山弧线之间存在间隙量，通常将全部或部分作为袖裆量，直接与衣袖融合为一体的一种袖裆结构设计方法，其结构简单直观，是宽松风格连身袖服装经常采用的一种袖裆结构设计手段。为保证服装结构的连体性，按照款式外形特征修顺并连接衣身侧缝线与袖身袖下线，此时，衣身与袖身之间的间隙量作为腋下自动调节量，根据服装风格特点融入衣袖结构设计中，常见有中式服装袖子结构设计、和服袖及蝙蝠袖结构形式。

1. "袖身合一"的中式服装

中式服装是中国传统的袖子形态，其特点是袖身合一。如图 5-26 所示，将原型袖中线与衣身前后颈侧点相连成一条水平线，并垂直于前后片中心线上，形成"十"字型平面直线结构，在缝合成一件成衣后，袖子与衣身构呈 90°角，呈现"T"字形的廓形。

2. 和服袖

和服袖款式特点是衣身与袖子相连，是典型的东方式平面造型，由于类似于日本的和服而得名。如图 5-27 所示，图中此款是在原型衣身的基础上,根据款式特点将胸围围度加大,袖笼深向下低落,前后片肩端点向上抬高(一般为0.5cm~1.5cm),并直接延长肩线形成袖中线,取长度为袖长,并绘制袖口线,最后圆顺前后侧缝作为袖底线的袖型。

3. 蝙蝠袖

蝙蝠袖款式特点是将袖笼加深,袖底缝加上侧缝长度变得更短,腋下余量形成褶皱较多,当双臂展开,外部造型因像蝙蝠而得名。如图5-28所示,图中此款是在原型衣身的基础上,根据款式特点确定肩袖线斜度(一般在0°~20°),取前后肩袖线长度,并绘制袖口线,同时将胸围围度加大,袖笼深向下低落,最后圆顺前后侧缝,此时蝙蝠袖款式绘制完成。

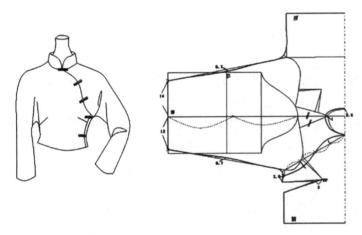

图5-26 中式服装衣身与袖子结构设计

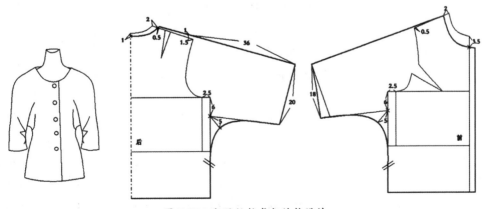

图5-27 和服袖款式与结构设计

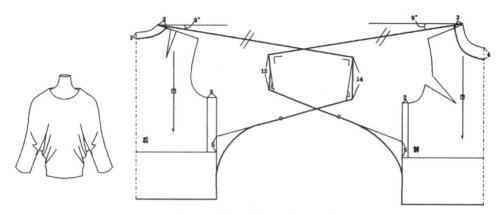

图 5-28 蝙蝠袖款式与结构设计

二、插肩式连身袖结构设计

插肩式连身袖简称插肩袖。插肩袖是在肩部与衣袖连成一体，在衣身前后分别从领口到袖笼下方加入斜向分割线，使衣片的肩部与衣袖连成一体的袖型，其外观肩部造型流畅、大方、穿着方便。在结构设计中，插肩式连身袖的袖山高、袖中线和肩点水平线的夹角变化，会影响服装的风格、袖山与袖横及衣袖的肥瘦变化，其袖山高与袖型、袖肥、袖笼深的关系与圆装袖一样，即袖山越高，袖肥越小，袖笼深相对较浅，袖型就越合体；反之，则袖山越低，袖肥越大，袖笼深相对较深，袖型的贴体度也就越小，它可是一片、二片或多片形式，常用于风衣、大衣、夹克衫、运动服中。按照肩端点水平线与袖中线夹角的大小可分为宽松型插肩袖、较宽松型插肩袖（中性插肩袖）、合体型插肩袖三种形式。

在结构制图中，袖中线倾斜角的确定方法最常见的有角度式与三角式两种。角度式是通过量角器直接量取角度的方式确定袖中线。三角式是通过肩端点，做直角边为 10cm 的等腰三角形，在此基础上设定袖中线倾斜角。在绘制插肩袖时需注意：肩袖线斜度 20°以上时，袖中线与肩线不呈一条直线，通常做成两片袖，袖中线的斜度最大不超过 60°，其斜度越大，两片式插肩袖越合体。一般情况下，袖中线斜度大于后袖中线斜度 2°~3°，同时插肩线从原型袖笼弧线的前腋点高度附近，即原型 G 线附近，延背宽线向内 0.5cm~1.5cm，即后对位点。胸宽线向内 1cm~2cm 来确定，即前对位点，以保证手臂的基本活动功能。在绘制袖中线时，以肩端点向外 1cm~2cm 开始画，以确保肩部的宽度，使肩部舒适而圆顺，为避免袖中线向后偏斜，后袖口大于前袖口 1cm~2cm。

1. 宽松型插肩袖

前后袖中线斜度通常为 0°~30°，袖中线的角度前后可有差异，此类插肩袖袖山高一般为 0cm~10cm 左右，袖下有大量褶皱，袖型呈宽松状态。当袖中线斜度在 0°~20°时，肩袖线呈一条直线，后肩不设肩省，前后肩线等长，通常将前、后袖衣片进行连裁，故称一片袖，此种袖型穿着舒适，常见于宽松式休闲装中(见图 5-29)。

2. 较宽松型插肩袖(中性插肩袖)

袖中线斜度通常 35°~45°，为两片式插肩袖，前袖中线斜度稍大于后袖中线斜度，此类插肩袖的袖山高一般为 11cm~13cm 左右，袖肥中等，袖笼深也相应降低，袖下褶皱较多，呈较宽松状态。通常采用等腰直角三角式方法绘制袖斜度，下面以袖长 57cm、袖山高 13cm、袖口大 14cm 插肩袖结构图为例，绘制较宽松型插肩袖，如图 5-30 所示，其绘制方法与步骤如下：

(1)绘制前后衣身插肩弧线与袖斜线，如图 5-30(a)所示。

①根据较宽松型插肩袖的设计要求，在衣片上加入一定的松量。将后片肩省 1/3 转至袖笼作为松量，同时将 3/4 袖笼处胸省转至腋下，其余 1/4 转至作为袖笼松量，然后将袖笼弧线画圆顺。

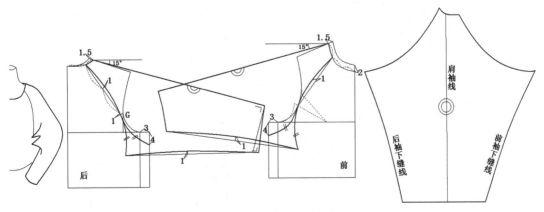

图 5-29　一片式宽松型插肩袖

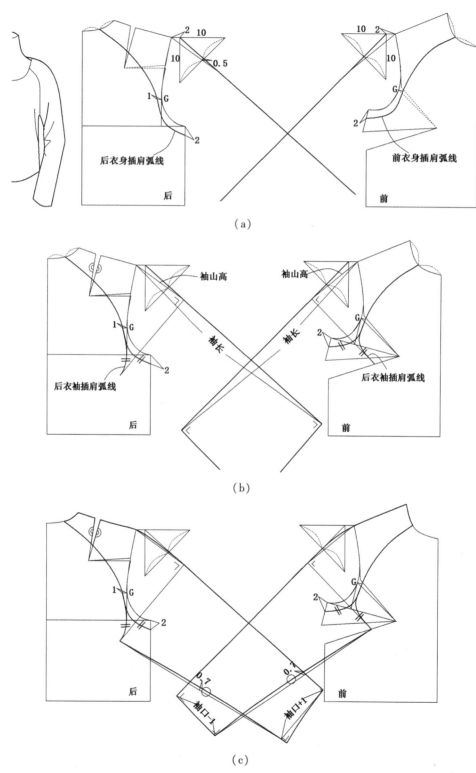

图 5-30 较宽松型插肩袖结构的绘制

②绘制前后衣身插肩弧线。按照连身袖的款式要求，画连身袖公共边线通过对位点（G 点偏进 1cm），连接至袖笼深处下挖 2cm 处，以增加腋下舒适度。注意：下挖量需根据款式、面料及内穿服装厚度而定。

③画袖斜线。在肩点向外引出水平线和垂直线构成 90° 夹角，前片袖中线取 90° 夹角平分线，后片袖中线取 90° 夹角平分线向外偏 0.5cm，绘制袖斜线。

(2) 确定袖长、袖山高与前后袖插肩弧线，如图 5-30（b）所示。

①以前后肩端点为起点，在袖斜线上取袖长尺寸 56cm，在前、后袖斜线上画垂直线。

②以前后肩端点为起点，在袖斜线上取袖山高 13cm，再画垂直线作为袖肥线。

③画前后衣袖插肩弧线。注意：插肩袖的袖弧线一定要落在袖肥线上，以确定袖肥大。袖弧线的上部分与衣身插件线重合，下部分弧线与衣身插肩线的下部分弧线相反，弧度大致相同，长度相等。

(3) 确定袖口线与袖底缝线，如图 5-30(c) 所示。

①在前、后袖斜线的垂直线上画前后袖口线。前袖口线长 13cm（袖口大-1cm），后袖口线长 15cm（袖口大+1cm）。

②将前后袖肥大点与前后袖口大点连接，画袖底缝线的辅助线。用延长袖底缝线的方式，将前后袖底缝线调整成相等的长度，同时将前后袖底缝线内凹 0.7cm，将袖底缝线调整成弧线。

③圆顺前后肩部曲线。此时较宽松型插肩袖绘制完成。

从插肩袖的结构绘制中可以看出，插肩袖的袖笼弧线与袖山弧线的重叠部分，相当于连袖的插角量。

如图 5-31 所示，此款是半宽松插肩袖为基础设计的育克插肩袖，育克的设计设置是在 G 线附近，（G 点偏进 1cm）。同插肩袖绘制方法一样，在绘制时育克线与袖底人字线相接圆顺，袖中线斜度一般在 30°~45° 为宜。其绘制方法与步骤同上。

3. 合体型半插肩袖

合体型插肩袖的袖型合体且便于活动，与手臂的前倾趋势吻合。前后袖中线斜度通常为 50°~60°，为两片插肩袖，随着袖中线斜度的加大而袖身的合体度加大，通常插肩袖的斜度是前袖斜大于后袖斜 2.5° 左右，它是现代时尚服装中较常使用的插肩袖。

绘制方法与步骤同较宽松型插肩袖一致。如图 5-32 所示，此款式特点在于插肩线上部的终点在肩线上，其上端一般定在肩线的 2 等分点附近，后片部分肩省量在插肩线上去掉，且前后片插肩线相等。按照合体型半插肩袖款式要求，从肩线 1/2 点处向袖笼方向画连身袖前后片的公共边线，通过对位点（G 点偏进 1cm），连接至袖笼深处下挖 1cm 处。再从对位点至袖肥线上画弧，弧长与后片公共边线以外的袖笼剩余部分相同，弧度大致相同，方向相反，由此确定前袖肥，再绘制袖口及袖底缝线。

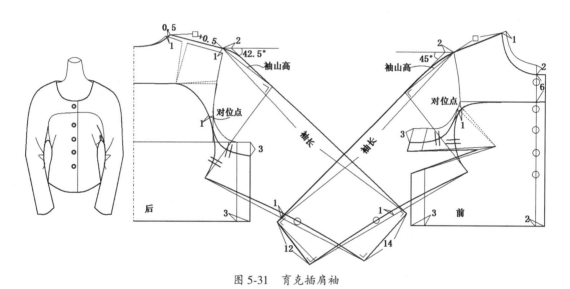

图 5-31　育克插肩袖

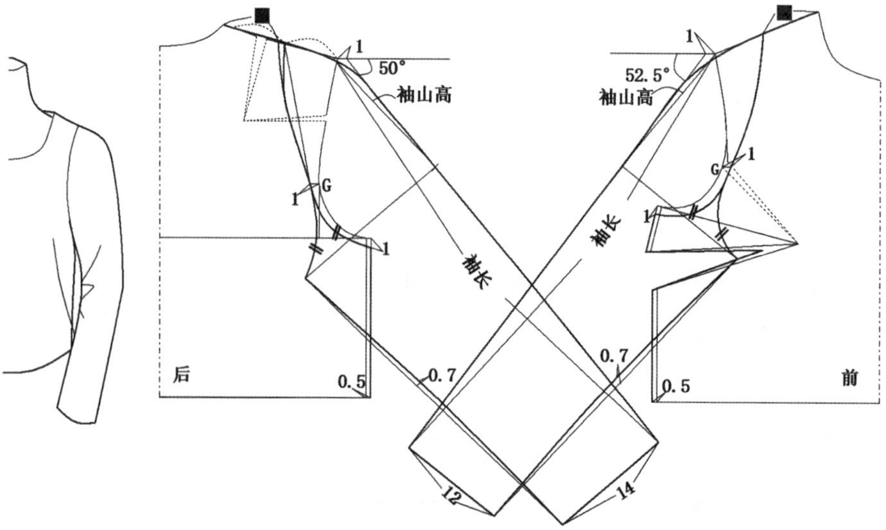

图 5-32　合体型半插肩袖

三、腋下插片式连身袖结构设计

腋下插片式连身袖是在融合式连身袖的基础上，为保证合体连身袖服装的舒适性和运动功能性，将袖片与衣片重合的一部分分解出去，同时根据手臂活动及款式外观造型要求，在腋下形成插片式（即袖裆）结构设计方法。此插片为功能性设计，分布在腋下，有一定的隐蔽性，因此插片的插角应在袖笼线附近，前片插角应指向前胸宽方向上的一点，后片插角应指向后背宽方向上的一点，其结构主要有嵌入式袖裆结构设计与分割拼合式袖裆结构设计。

（一）嵌入式袖裆结构设计

嵌入式袖裆结构设计是袖中线倾斜角度较大时，在衣片纸样加入分割线，将衣身侧片和插角一起插缝在侧缝与袖底缝之间，以提高手臂上举的活动量，此时，手臂下垂后褶皱较少，其结构相对独立，在保证边长与衣身插角分割线相吻合的情况下，可根据手臂活动需求和外观造型特征，灵活地调整其长短、宽窄、面料纱向和造型，最大限度地为合体连身袖服装舒适性和运动功能性服务，发挥独立袖裆特有的作用。这是合体连身袖服装常采用的一种袖裆结构设计手段，在女装外套、职业装、猎装等成衣设计中较为常见。

如图5-33（1）所示，此款为了保证袖子的运动功能性，在腋下嵌入插片的袖型。通过运用插肩袖的方法确定前后袖倾倒角度。将前后肩端点抬高1cm，后颈侧点0.5cm，加臂厚1.5cm~2cm，完成新的前后肩斜线。袖笼深点向下低落一致，一般为3cm~5cm。连身袖插角位置在袖笼线附近，插角线在前片插角指向前胸宽方向9cm处偏进2cm，绘制前插脚线，剪开线取7cm~8cm即可找到a点，同上方法即可找到后片插脚线，同时找到b点，即可绘制出前后插角线。注意：前后插角线的插角尖部应靠近或指向袖笼。合体的插角线长度一般在5cm~9cm（特殊的款式除外），另外较宽松的插角线会更长一些。

腋下插角的宽度决定着袖子活动量的大小，插角宽度越大，活动量越大，反之则越小。插角的形状可为菱形、三角形或弧线形等。如图5-32（2）所示，此款是在腋下绘制出弧线插角，并将其对称展开活动量。

（二）分割拼合式袖裆结构设计

分割拼合式袖裆结构设计，是利用款式中已有的衣身袖笼分割线或袖身分割线,在既定的袖中线倾角下,根据分割线特征,将款式所需的袖裆结构(腋下活动量)直接添加到分割片中,使袖裆结构与分割片融为一体形成新的裁片,是一种隐蔽性很强的袖裆结构设计方法,常见于女装外套、运动装及休闲装之中。如图5-33所示,在原型G线下方设计袖身与衣身分割线,同时巧用衣身或袖身分割线添加袖裆结构,在腋下可获得较大的松余量,在满足服装合体性和运动机能性需要的同时,又具有较好的隐蔽性。相比嵌入式袖裆结构,其造型与结构设计的自由度和随意性受限制,但在工艺制作上更易于处理。这是注重宽松性和运动功能性等分割形式服装常用的一种拼合式,隐形袖裆结构设计手段。

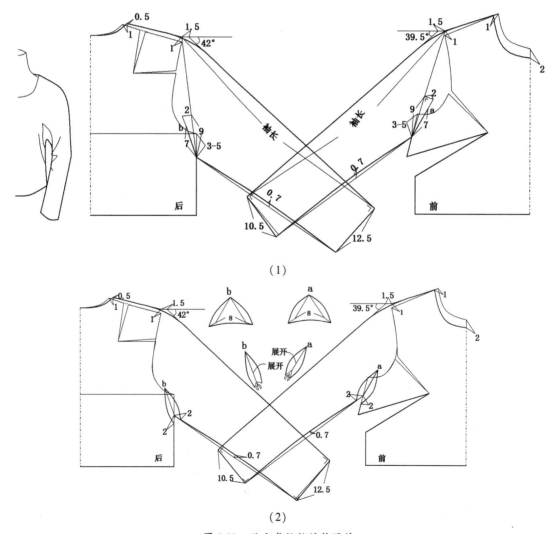

图5-33 独立式袖裆结构设计

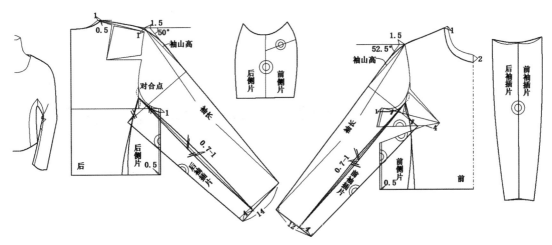

图 5-34　分割拼合式袖裆结构设计

第六章 女式衬衫结构设计

女式衬衫是女性上半身穿着衣服的总称，不仅可以外穿，也可衬在外套内，且款式与用料多样，通行于一年四季，在服装品类中占据着重要的位置。其款式造型最早来源于男衬衫，发展至现代有了较大的变化，包括与女西服配套的正装形式的衬衫及时装类、休闲类等各种款式，以满足女性不同场合、不同时间、不同环境下的穿着需要。其纸样设计原理应根据整体廓型和舒适性的要求选择具体的构成方法，但对于变化较大和对合体性有较高要求的款式来说，采用原型制图的方法则能较好、较快地获得准确的立体型结构，形成标准纸样。

第一节 无袖式系腰结女衬衫

一、款式特点分析

该款式较合体，为无袖式系腰结上衣型女衬衫呈半露肩式无袖结构，不需要进行分省处理，只需根据款式特点，将胸省转移至领口处作抽褶处理，同时在前后片肩线上取肩宽量。此款衣长较短，前片无腰省，后片腰部两边各设计一个腰省，前领窝收褶，立翻领设计。前门襟止口反贴边，五粒扣，前腰间系装饰结。这是很适合年轻女孩穿用的时尚款式，可作为上街装、游玩装等。面料可选择既能突出干练的风格，又能保证穿着状态良好的面料，因此涤棉混纺面料、吸湿排汗纤维织成的面料较受欢迎，如棉布、丝绸、化纤等素色或花型面料(见图6-1)。

图6-1　无袖式系腰结女衬衫款式图

二、规格尺寸

根据款式特点和以上分析结果，对服装规格尺寸进行设定，可用表6-1表示。

表 6-1　　　　　　　　服装规格尺寸设定

号型	部位名称	衣长(L)	胸围(B)	腰围(W)
160/84A	净体尺寸	背长(38)	84	64
	成品尺寸	41	90	86

三、绘制衣身轮廓线

(一)绘制衣长、前后领口弧线与展开线(见图6-2)

(1)绘制衣长。根据规格尺寸设计，衣长为41cm，而圆形背长尺寸为38cm，因此直接将原型前后腰节长向下追加3cm。

(2)绘制前后领口弧线与展开线。将前片直开领深下挖1cm，前后片领口各向外0.5cm，后领口挖深0.5cm，画出新的前、后领口弧线，如图6-2所示，分别用●与■表示。在前领口弧线上取点连接至BP点，即为展开线。

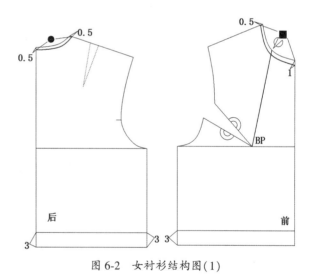

图 6-2　女衬衫结构图(1)

(二)绘制新的领口弧线与前、后片肩宽与前后侧缝线(见图6-3)

(1)绘制新的领口弧线。将展开线延BP点方向剪开，同时袖笼处胸省合并，领口处展开量即为抽褶量，如图6-3所示，重新绘制前片领口弧线。

(2)绘制前、后片肩宽。分别由前后侧颈点向外取4.5cm确定前后肩宽。

(3)绘制前后侧缝线。根据款式设计胸围松量为6cm,而原型胸围基本松量为12cm,因此在原型基础上可将胸围送量减少。如图所示,将前侧缝线向前中心方向平行收进1cm,后侧缝线向后中心方向收进2cm,同时,将前后侧缝辅助线分别向上延长1cm,确定前胸围大点与后胸围大点。

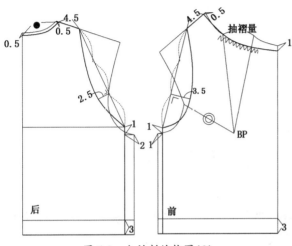

图6-3 女衬衫结构图(2)

(三)绘制前后袖笼弧线与前门襟止

(1)绘制前后袖笼弧线。将前肩宽点与胸围大点连接,同时平分3等分,在靠近袖笼深1等分点作垂直线,找到2.5cm点,通过第3等分点绘制圆顺弧线,即为前片袖笼弧线。同样方法如图6-3所示,绘制后片袖笼弧线。

(2)绘制前门襟。根据款式特点,门襟为反贴边,贴边宽度为3cm,如图6-4所示,在前中心处放出搭门量为1/2贴边的宽度,即为1.5cm。

(四)绘制扣位、后片腰省、前腰节系带与底边线(见图6-5所示)

(1)绘制纽扣位置。上扣位为前颈点下落4.5cm。下扣位为前中心与腰节线上4cm,并将两扣位如图所示,距离等分3份定出其余扣位。

(2)绘制前腰结系带。前中心由腰节线向下延长6cm,再向内作水平线取8cm,然后与腰节线往上3cm的止口处连直线定出。由系带接缝的中点向外作直角线,取35cm长。然后如图所示画出系带(此系带采用双层面料)。

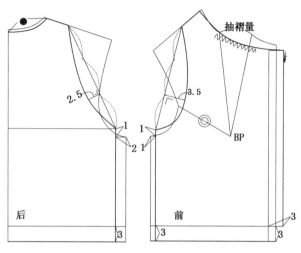

图 6-4 女衬衫结构图(3)

(3)绘制前后下摆弧线。前下摆先由腰结系带接缝与底边侧缝连直线,然后在中间位弧进 0.7cm 画顺;后下摆要与前片相对应、用弧线如图画出。

(4)绘制后片腰省。在后片腰节线与后中心线交点取 8cm 点,向上绘制垂直线相交于胸围线,并向上延长 1.5cm,如图 6-5 所示,绘制后片腰省并连接至下摆弧线上。此时衣身上结构制图绘制完成。

四、领子结构设计

(1)在原型衣身分别测量新的前、后领口弧线长(见图6-6),根据款式要求搭门宽度 1.5cm。

(2)画领座。先画一个坐标轴,将横坐标的领围平分 3 等分,在第 3 等分点向上起翘 1.5cm,再依次将各点连接画顺领底弧线,并向前中方向延长 1.5cm 搭门量。在前中方向作领底弧线的垂线,长为 2.5cm,确定前中领座高。最后在纵向坐标轴(即领后中心辅助线)上取领座高 3cm,画弧线连接至前中领座高点。

(3)画领面。将前中 2.5cm 点垂直相交于纵向坐标轴(后中心辅助线)上,以此点向上增加领面反起翘量 1.5cm,连接弧线至前中心点上。最后画领子外口线,在纵向坐标轴上领面宽 4.5cm 点作垂直线,依款式造型设计需要,如图所示画出翻领领角及领座圆角线。

四、无袖式系腰结女衬衫样板制作

按结构图中轮廓线取出净样板,在净样板的基础上,根据面料的质地性能、款式特点及工艺要求放出缝份、折边等量,打剪口、标出款式名称、裁片名称、纱向、片数等,标准样板制作完成。放缝时,服装的缝份为1cm,前衣片与后衣片底边缝份为2cm(见图6-7)。

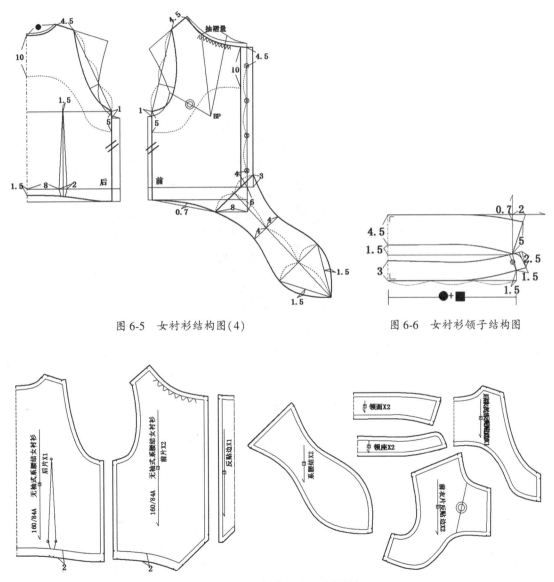

图6-5 女衬衫结构图(4)　　图6-6 女衬衫领子结构图

图6-7 无袖式系腰结女衬衫样板

第二节 披肩式女衬衫

一、款式特点分析

无袖披肩式女衬衫，其披肩衣片连接于前后公主分割线上，后中心有分割线，方领口，五粒纽扣，下摆呈圆弧造型，此款式时尚、简洁，得到许多年轻女性的喜爱。该款衬衫面料选用较广，全棉、亚麻、化纤、混纺等薄型面料均可采用，如马德拉斯格条纹、提花、条格等薄型面料(见图6-8)。

图6-8 盖肩式女衬衫效果图与款式图

二、规格尺寸

根据款式特点和以上分析结果,对服装规格尺寸进行设定(见表6-2)。

表6-2　　无袖披肩式女衬衫规格尺寸设定

号型	部位名称	衣长(L)	胸围(B)	袖长(SL)	腰围(W)
160/84A	净体尺寸	背长(38)	84	臂长52	64
	成品尺寸	58	96	18	78

三、结构制图绘制步骤与方法

第一,选择160/84A规格的日本新文化式原型为基础制图。

第二,原型省道分散变化如图6-9所示:

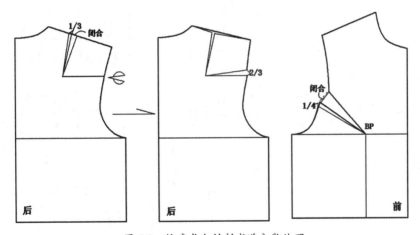

图6-9　披肩式女衬衫省道分散处理

(1)将原型后片衣身肩省量的2/3转移至袖笼处,作为松量,并修正后肩线。

(2)将原型前片袖隆处胸省1/4作为松量,余下省量作为胸省转移到肩部纵向分割线处。

(一)衣身结构制图

1. 绘制基础线

(1)绘制衣长(底摆辅助线)。将前后衣身原型腰围线水平放置。根据规格尺寸设计，衣长为58cm，而原型背长尺寸为38cm，因此直接将原型前后腰节线平行向下追加20cm，确定衣长58cm（见图6-10）。

（2）绘制前后侧缝与前后中心辅助线。分别将前、后中心线、侧缝线延长至底摆线（见图6-11）。

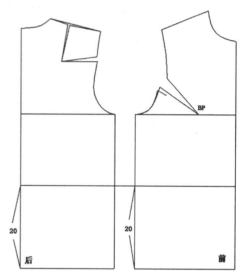

图6-10　披肩式女衬衫结构制图(1)

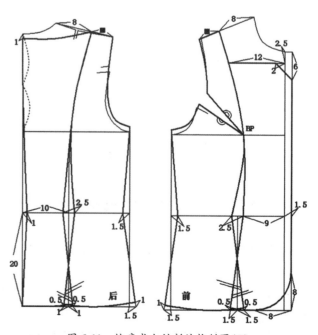

图6-11　披肩式女衬衫结构制图(2)

(二)绘制前后片外轮廓线线

(1)绘制门襟辅助线。在前中心处放出搭门量1.5cm,分别连接领口弧线与底摆辅助线。

(2)绘制后领口弧线和前领口造型线。将前后横开领向外拉开8cm,后领口深向下挖1cm,绘制后领口弧线。再将前片领口处中心线下2.5cm点作水平线,在水平线与分割线交点向袖笼方向取12cm点,连接至前横开领大8cm点处,如图所示绘制领口造型。

(3)绘制前后片侧缝线与袖笼弧线。将前后侧缝辅助线向上延长1cm,确定前后胸围大点,腰节处收进1.5cm,下摆向外1.5cm,连接以上各点绘制前后片侧缝线。将前横开领大8cm点向肩端点方向延长,取后肩线长度与前肩线相等,以此确定前肩端点,根据前后胸围大点与肩端点,重新绘制前后袖笼弧线。

(4)绘制后中心线。将原型领深点到胸围线之间中点,经过后中心线与腰节线交点偏进1cm点,并将此点连接至底摆,即可绘制出后中心线。

(三)绘制前后片分割线

(1)绘制后片分割线。在后中心线与腰节线交点向侧缝方向找到10cm点,连接至后片领横大点,并作垂直线连接至底摆辅助线上,如图6-11所示绘制后片分割线。

(2)绘制前片分割线。在前中心线与腰节线交点向侧缝方向找到9cm点,以此点向侧缝方向取腰省2.5cm,并取省中点向下作垂直线相交于底摆辅助线上。如图6-12所示,连接各点,绘制前片分割线。同时将前片袖笼处省量合并,转移至分割线上。

(3)绘制前、后片底摆弧线。将前后侧缝分别向上1cm,画垂线相交于底摆,如图所示绘制前、后底摆弧线与门襟处与底摆弧线造型。此时前后片衣身结构绘制完成。

(四)绘制前、后披肩袖,确定扣位

在后片肩点作水平线1.5cm点,以此点绘制水平线与垂直线,分别取10cm构成等腰三角形,作出45°角确定袖中线,确定披肩袖长。绘制披肩袖外口弧线,在袖中线处呈直角同时相交于后片分割线上。同样方法绘制前片披肩袖,如图6-13(a)所示。

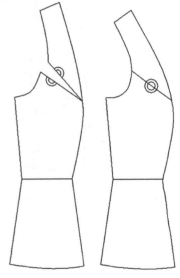

图6-12 袖笼处省转移至分割线示意图(3)

确定扣位。在领口水平线下 4cm 确定第一个扣位。在底摆辅助线与前中心线交点向上取衣长 3cm~5cm，确定最底边扣子，两扣之间平分 4 等分确定扣位，如图 6-13(b)所示。

(1)前后披肩袖展开线。

绘制如图 6-14(a)所示，在披肩袖与分割线重合处作 10cm 与 6cm 点，分别作此点水平线相交于前后袖中线上，即为前后片展开线。

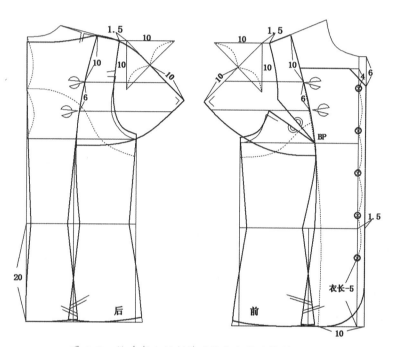

图 6-13　披肩式女衬衫前后袖与扣位结构制图(4)

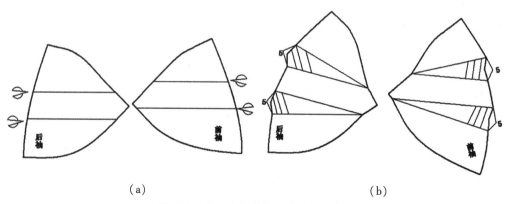

(a)　　　　　　　　　(b)

图 6-14　前、后披肩袖展开示意图(5)

(2)绘制披肩袖褶量。

如图6-14(b)所示,将前后披肩袖轮廓线以展开线拷贝,并延分割线方向剪开,褶展开量为5cm。此时披肩袖式女衬衫制图绘制完成。

四、披肩式女衬衫样板制作

按结构图中轮廓线取出净样板,在净样板的基础上,根据面料的质地性能、款式特点及工艺要求放出缝份、折边等量,打剪口、标出款式名称、裁片名称、纱向、片数等,标准样板制作完成。放缝时,服装的缝份为1cm,前中片、前侧片与后中片、后侧片底边缝份为1.5cm,前片挂面、后片领口与袖笼处贴边、前片袖笼处贴边的缝份为1cm(见图6-15)。

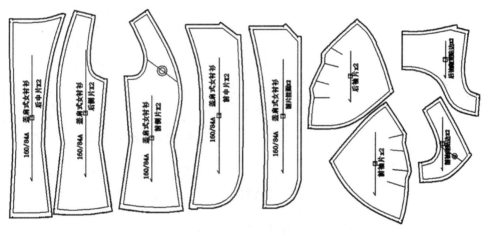

图6-15 披肩式女衬衫样板

第三节 系结式短袖女衬衫

一、款式特点分析

短袖女衬衫一般外轮廓呈直筒宽松型,衬衫领部系有蝴蝶结,前、后肩部有过肩设计,并结合抽褶装饰,袖山处有折叠褶裥装饰,袖子为泡泡短袖,衬衫式袖口,袖口处松量也以抽褶形式处理,是女式衬衫中较为经典的款式(见图6-16)。此款面料选用范围较广,轻质、悬垂性好的面料均可采用,如府绸、雪纺、仿真丝、绉纱、乔其纱、泡泡纱等薄型面料。

图 6-16 短袖女衬衫款式图

二、规格尺寸

根据款式特点和以上分析结果，对服装规格尺寸进行设定如表 6-3 所示。

表 6-3　　　　短袖女衬衫规格尺寸设定

号型	部位名称	衣长(L)	胸围(B)	袖长(SL)	袖口(CW)
160/84A	净体尺寸	背长(38)	84	52(臂长)	15(手腕围)
	成品尺寸	58	92	24	32

三、结构制图绘制步骤与方法

第一，选择 160/84A 规格的日本新文化式原型为基础制图。

第二，原型省道分散变化可用图6-17所示。原型省道分散变化：后衣身肩省量的2/3转移到袖笼处，作为袖笼松量；前衣身胸省量的1/4作为袖笼处松量，余下的量作为胸省转移到肩部育克分割线处。

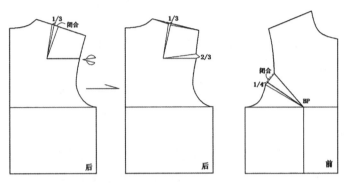

图6-17 短袖女衬衫省道分散处理

（一）绘制基础线（见图6-18）

(1)绘制衣长（底摆辅助线）。

将前后衣身原型腰围线水平放置。根据规格尺寸设计，原型胸围96cm，而衬衫胸围92cm，因此在原型前后侧缝线各偏进1cm。衣长为58cm，而原型背长尺寸为38cm，因此直接将原型前后腰节线平行向下追加20cm，确定衣长58cm。

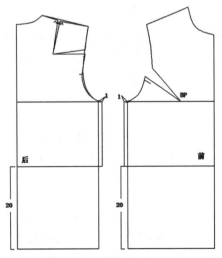

图6-18 短袖女衬衫结构制图(1)

(2)绘制前后侧缝与前后中心辅助线。分别将前、后中心线、侧缝线延长至底摆线。

(二)绘制前后片外轮廓线与分割线(见图6-19)

(1)绘制前后领口弧线。将前后领口横向拉开2.5cm,后领口深向下挖1cm,前直开领向下12cm,如图所示重新绘制前后领口弧线。

(2)绘制门襟辅助线。在前中心处放出搭门量1.5cm,分别连接至前领深点与底摆辅助线。

(3)绘制前后袖笼弧线。此款是泡泡袖,前后肩端点在原型基础上向内收进1.5cm,重新绘制前后袖笼弧线与新的胸大点连接。

(4)绘制前后侧缝线。将前后侧缝辅助线与腰围线交点向内偏进1.5cm,且底摆上翘0.5cm,重新绘制前后侧缝线。

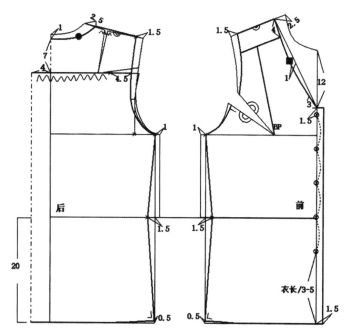

图6-19 披肩式女衬衫结构制图(2)

(5)绘制前后育克线。在前领口4cm绘制一条与肩部平行的育克分割线交于袖笼弧线上,将此分割线中点连接至BP点,即为展开线。同时将展开线剪开,将前衣身胸省量转移到肩部育克分割线处。

(6)绘制后片分割线与后中心线。在领口后中心线向下7cm处,绘制水平线交于袖笼弧线上,将此水平线在后中方向延长4cm(抽褶量),并作垂直线连接至底摆辅助线上。即后中心线。

(三)绘制领子

取领宽为4.5cm,在确定前后领口弧线长基础上追加48cm,如图6-20所示绘制领子。

(四)绘制袖子(见图6-21)

①确定袖山高:拼合前衣身后,拷贝前、后衣身袖笼弧线,确定袖山高,绘制如(a)所示。

②基本袖绘制,对合前后袖,确认袖山弧线,绘制基本袖如(b)所示。

③延剪开线剪开,在袖山处拉开所需抽褶量,绘制如(c)所示。

④定袖克夫尺寸,袖口设褶,袖衩位置定于后袖口7cm处,如(d)所示。

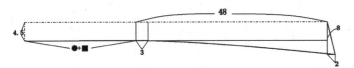

图6-20 领子结构设计

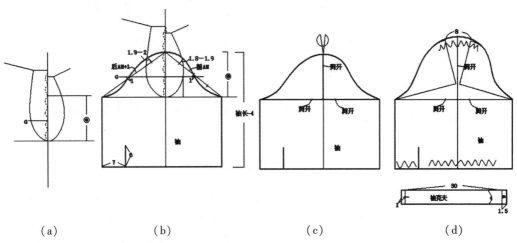

(a) (b) (c) (d)

图6-21 袖子结构设计

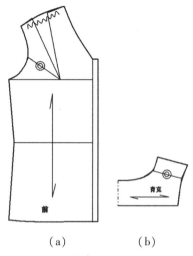

图6-22 前身衣片与育克处理

将前衣身胸省量转移到肩部育克分割线处，修正袖笼弧线与轮廓线，绘制如图6-22(a)所示。拼合肩部育克纸样，绘制如图6-22(b)所示。

四、系结式短袖女衬衫样板制作

按结构图中轮廓线取出净样板，在净样板的基础上，根据面料的质地性能、款式特点及工艺要求放出缝份、折边等量，打剪口、标出款式名称、裁片名称、纱向、片数等，标准样板制作完成。放缝时，服装的缝份为1cm，前后片底边缝份为3cm，门襟止口贴边的缝份为5.8cm（见图6-23）。

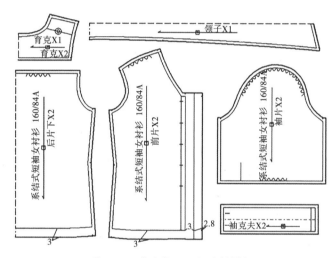

图6-23 系结式短袖女衬衫样板

第四节 前中心抽褶式女衬衫

一、款式特点分析

这是一款较合体的衬衫，此款衬衫特点为前衣身中心处有抽褶设计，其既有一定的装饰效果又有一定的胸部造型功能。五粒扣设计，前门襟止口翻边，前后衣身纵向弧线分割，做收身处理，领、袖部分为典型的衬衫结构，是时尚女式衬衫中的经典款式（见图6-24）。

图 6-24 前中抽褶式女衬衫款式图

二、规格尺寸

根据款式特点和以上分析结果，对服装规格尺寸进行设定（见表 6-4）。

表 6-4 前中心抽褶式女衬衫规格尺寸设定

（单位：m）

号型	部位名称	衣长(L)	胸围(B)	袖长(SL)	袖口(CW)
160/84A	净体尺寸	背长(38)	84	52（臂长）	15（手腕围）
	成品尺寸	58	92	45	25

三、结构制图绘制步骤与方法

第一,选择160/84A规格的日本新文化式原型为基础制图。

第二,原型省道分散变化如图6-25所示。

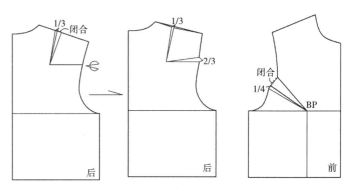

图6-25 前中抽褶式衬衫省道分散处理

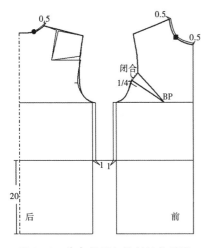

图6-26 前中抽褶女衬衫结构制图（1）

原型省道分散变化:后衣身肩省量的1/2转移到袖笼处,作为袖笼松量;前衣身胸省量的1/4作为袖笼处松量,余下的量转移到前中心处,绘制如图6-25所示。

（一）绘制基础线

（1）绘制衣长(底摆辅助线)。将前后衣身原型腰围线水平放置。根据规格尺寸设计,衣长为58cm,而原型背长尺寸为38cm,因此直接将原型前后腰节线平行向下追加20cm,确定衣长58cm(见图6-26)。

（2）绘制前后侧缝与前后中心辅助线。分别将前、后衣身侧缝处平行收进1cm,并与前、后中心线延长至底摆线(见图6-27)。

（二）绘制前后片外轮廓线

（1）绘制门襟。根据款式可知门襟为反贴边。贴边宽度为3cm,因此,放出搭门量应是贴边宽度的1/2,即搭门量1.5cm,分别连接领口弧线与底摆辅助线。

（2）绘制前后领口弧线。将前后领口横向拉开0.5cm,前直开领深向下挖0.5cm,重新绘制前后领口弧线。

(3)绘制前后侧缝线与底摆弧线。将前后侧缝辅助线与腰围线交点收进1.5cm,下摆向外1cm,底摆上翘0.5cm,重新绘制前后侧缝线与底摆弧线。

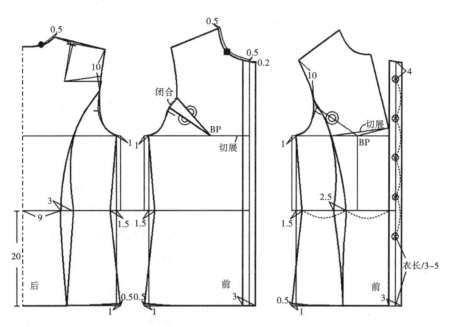

图6-27 披肩式女衬衫结构制图(2)

(三)绘制前后片分割线与前中衣片处理

(1)将袖笼弧上9cm点与后中心线与腰节线交点向侧缝方向9cm点连接至底摆弧线,以腰节线上交点向侧缝方向取腰省3cm,绘制前片分割线相交于底摆辅助线上。方法同样如图6-27所示,腰省为2.5cm,绘制前片分割线。

(2)前中衣片褶处理。将展开线由前中至BP点剪开,将前片袖笼处省量合并,转移至前中心处,再拉开3cm作为抽褶补足量,绘制如图6-28所示,修顺新的前中心线。此时前后片衣身结构绘制完成。

(四)绘制领子

绘制方法略,参见图6-29样式。

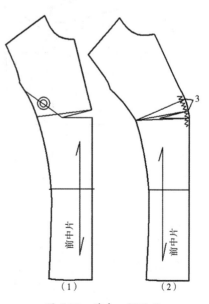

图6-28 前中心褶处理

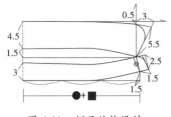

图 6-29 领子结构设计

（五）绘制袖子（见图 6-30）

（1）确定袖山高：折叠前衣身袖笼处的省道；拷贝前、后衣身袖笼弧线，确定袖山高，绘制如图（a）所示。

（2）对合前后袖，确认袖山弧线，绘制如图（b）所示。

（3）定袖克夫尺寸，袖口设褶。

（4）袖衩位置定于后袖口 2 等分处。

四、前中抽褶女衬衫样板制作

按结构图中轮廓线取出净样板，在净样板的基础上，根据面料的质地性能、款式特点及工艺要求放出缝份、折边等量，打剪口、标出款式名称、裁片名称、纱向、片数等，标准样板制作完成。放缝时，服装的缝份为 1cm，前后片底边缝份为 3cm，门襟止口贴边的缝份为 5.8cm（见图 6-31）。

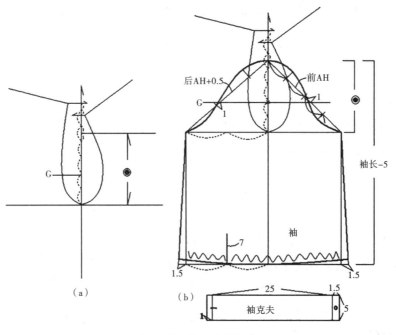

图 6-30 袖子结构设计

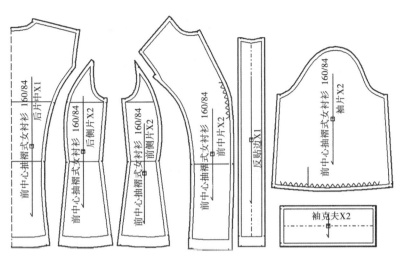

图 6-31　前中抽褶女衬衫样板

第五节　男衬衫领女式牛仔衬衫

一、款式特点分析

此款为男士衬衫领女式衬衫。前片肩部V字形育克向下纵向切入分割线，左右两边另收有腰省，后片有育克，腰部左右两边同样收有腰省，衣身收身合体，且造型修长，前、后衣摆呈弧形（见图6-32）。面料多为棉、麻、化纤织物、薄型毛料等，可根据用途进行选择。

二、规格尺寸

根据款式特点和以上分析结果，对服装规格尺寸进行设定（见表6-5）。

表6-5　男衬衫领女式牛仔衬衫规格尺寸设定

号型	部位名称	衣长(L)	胸围(B)	袖长(SL)	袖口(CW)
160/84A	净体尺寸	背长(38)	84	52(臂长)	15(手腕围)
	成品尺寸	62	98	57	21

图 6-32　牛仔衬衫款式图

三、结构制图绘制步骤与方法

第一，选择 160/84A 规格的日本新文化式原型为基础制图。

第二，原型省道分散变化如图 6-33 所示：

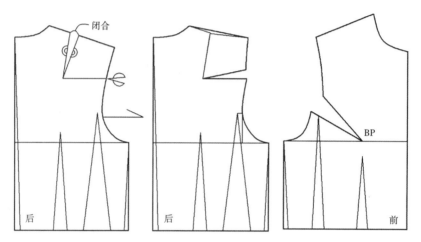

图 6-33　牛仔女衬衫省道分散处理

后衣身肩省全部转移到袖笼处，绘制如图 6-33 所示，为在后衣身育克分割线处除去袖笼省画育克做准备；前衣身胸省暂时不做分散处理，在制版中，将袖笼处胸省闭合，转移至前片育克下分割线中。

（一）绘制基础线

（1）绘制衣长（底摆辅助线）。将前后衣身原型腰围线水平放置。根据规格尺寸设计，衣长为62cm，而原型背长尺寸为38cm，因此直接将原型前后腰节线平行向下追加24cm，确定衣长62cm（见图6-34）。

（2）绘制前后侧缝与前后中心辅助线。在原型基础上，分别将前、后衣身侧缝处平行放出0.5cm量，并与前、后中心线延长至底摆线。

（二）绘制前后片外轮廓线

（1）绘制门襟。此款式门襟为反贴边。贴边宽度为3cm，因此，放出搭门量应是贴边宽度的1/2，即搭门量1.5cm，分别连接领口弧线与底摆辅助线。

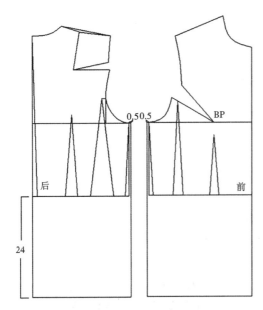

图 6-34 牛仔女衬衫结构制图(1)

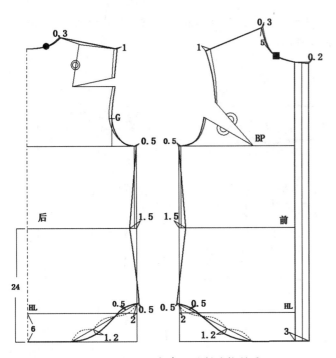

图 6-35 男衬衫领女式牛仔衬衫结构制图(2)

(2)绘制前后领口弧线。将前后领口横向拉开 0.3cm，重新绘制前后领口弧线。

(3)绘制前后片肩线、侧缝线与袖笼弧线。将前后肩线向外延长1cm，确定肩端点。根据胸围大点与肩端点，重新绘制袖笼弧线。前将后侧缝辅助线与腰围线交点收进1.5cm，臀围线上2cm处向外0.5cm，如图所示画侧缝线。

（4）绘制前后底边弧线。在后中心线与腰节线交点向侧缝方向找到0.5cm点，绘制垂直线相交于底摆辅助线上。将此交点与臀围线上2cm点连接，将此线段平分3等分，绘制后片底摆弧线。同样方法绘制前片底摆弧线。

（三）绘制前后片分割线

（1）绘制前后育克分割线。将领口处后中心线下7cm处与省尖点连接，同时调节育克弧线。在前领口弧线5cm处与袖笼弧线上4cm处连接，在此线段中点画2.5cm垂直线，分别交于两边点上。

（2）绘制前后片腰省线。如图6-36所示，将后中心腰节处9.5cm点向上绘制垂直线（省中心线）相交于胸围线上，同时向上延长1.5cm，如图所示在腰节处绘制2cm与2.5cm的腰省。用同样方法绘制前片腰省，同时将靠近前中心处腰省边线，经过BP点与育克尖点连接圆顺。

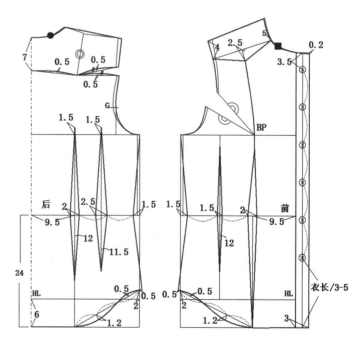

图6-36 前后片腰省线设计

（四）绘制前侧片分割线处理

将前片袖笼处省量合并，转移至分割线处，如图 6-37 所示，绘制前片分割线，将前片分割线绘制圆顺。

（五）绘制领子

绘制步骤略，样式可参见图 6-38。

（六）绘制袖子

衣袖为合体一片袖结构，其肘省转移至袖口分裁大小袖片，并利用袖口省的位置开衩，同时袖口处设计有褶，以满足手臂的活动。其步骤如下：

（1）确定袖山高：折叠前衣身袖笼处的省道；拷贝前、后衣身袖笼弧线，确定袖山高，绘制如图 6-39 所示。

（2）定袖克夫尺寸，袖口设褶。

（3）袖衩位置定于后袖口二等份处。

四、男士衬衫领女式牛仔衬衫样板制作

按结构图中轮廓线取出净样板，在净样板的基础上，根据面料的质地性能、款式特点及工艺要求放出缝份、折边等量，打剪口、标出款式名称、裁片名称、纱向、片数等，标准样板制作完成。放缝时，服装的缝份为 1cm，前后片底边缝份为 1.5cm（见图 6-40）。

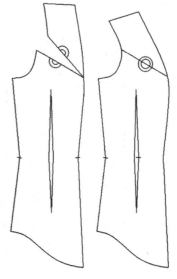

图 6-37 前侧片处理

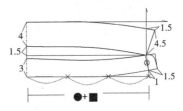

图 6-38 领子结构设计

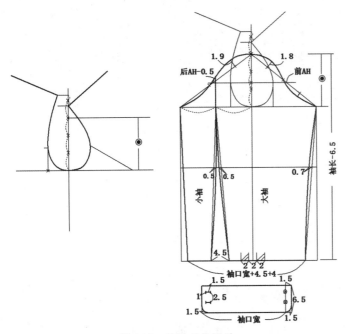

图 6-39 袖子结构设计

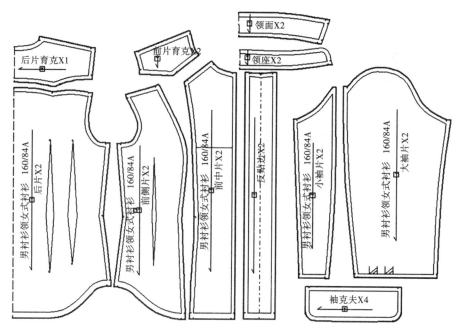

图 6-40 男衬衫领女式牛仔衬衫

第七章　女式西服结构设计

女式西服是经典女式西装风格外套的总称，由男士西服演变而来。受时尚文化的影响，女式西服在结构设计上更加多样化，既有实用性又具有装饰美化功能，不仅体现了现代女性的独立、自信，还完美展现了现代女性时尚优雅、活泼俏丽、帅气利落与智慧，时尚界称其为女人的千变外套，是现代职业女性在工作中首选的服装样式。本章女式西服专指在春秋季节上身外穿，有翻领、驳头、衣长在臀围线附近的上衣。其结构设计的重点是驳领、腰部省道及合体袖的结构变化。按照驳领造型的不同，可分为平驳领、戗驳领、青果领等；按纽扣的排列不同，可分为单排扣和双排扣；女西服上衣的版型主要有合体与宽松两种形式，由驳领、合体袖与衣身片组成。其结构主要体现在收腰的造型、胸省的处理、肩部的宽窄、袖型与领型的变化上，只有了解女性体型特征和原型结构变化的原理，才能进行女式西服版型的设计。在进行结构设计时，除了体现女上衣基本造型外，还需注重服装的局部，如领子、袖子、口袋、装饰件、门襟等与女式西服上衣整体风格的协调与统一。

第一节　平驳领女式西服

一、款式特点

平驳领女式西服（见图7-1），该款式是典型的三开身服装,是受男装西服造型启发,形成的较宽松型女式西服上衣款式,给人以端庄大方,简洁明快之感,较适合成熟职业女性穿着的服装款式。衣长为长上衣,衣身为破中缝六片结构。肩部加垫肩,平驳头翻领,单排扣,下摆为圆摆,收前腰省,前衣身两侧设计有贴袋,袖子为较合体两片西服袖。可采用质地较好的薄型精纺毛料或棉麻、混纺、化纤织物等面料制作(见图7-1)。

图 7-1 平驳领女式西服款式图

二、规格尺寸

根据款式特点和以上分析结果,对服装规格尺寸进行设定(见表7-1)。

表 7-1　　平驳领女式西服规格尺寸设定　　（单位：cm）

号型	部位名称	衣长(L)	胸围(B)	肩宽(S)	袖长(SL)	袖口(CW)
160/84A	净体尺寸	背长(38)	84	38.5	52(臂长)	15(手腕围)
	成品尺寸	62	99	39	57	26

三、结构制图绘制步骤与方法

第一，选择 160/84A 规格的日本新文化式原型为基础制图。

第二，原型省道分散变化如图 7-2 所示。

原型省道分散变化：后衣身肩省量的 2/3 转移到袖笼处作为袖笼松量；前衣身胸省量的 1/4 作为袖笼处松量，领口处拉开 1cm 的量，依款式特点余下的量作为临时省，转移至肩部，绘制如图 7-2 所示。

（一）绘制基础线（见图 7-3）

（1）绘制衣长（底摆辅助线）。

将前后衣身原型腰围线水平放置。根据规格尺寸设计，衣长为 56cm，而原型背长尺寸为 38cm，因此，如图所示直接将原型前后腰节线平行向下追加 24cm，确定衣长 62cm。

（2）绘制前后侧缝与前后中心辅助线。前后衣身原型在侧缝处加 1.5cm 的松量，腰线对齐水平放置。前后衣身腰围线上台 1cm。以前后中心线向下画垂直线与底摆线连接。

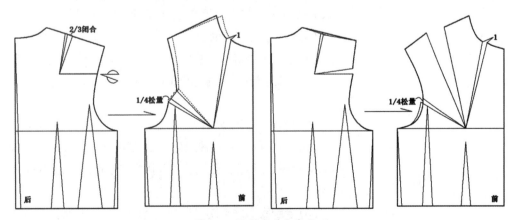

图 7-2　原型省道分散处理

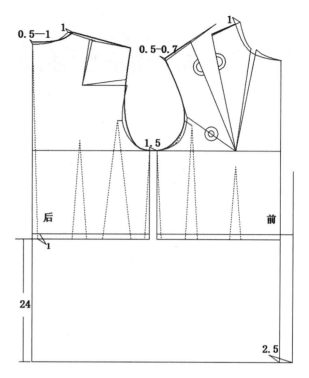

图7-3 平驳领女式西服结构制图(1)

(3)绘制门襟辅助线。在前中心处放出搭门量2.5cm。

(二)绘制前后片外轮廓线与内部结构线(见图7-4)。

1. 绘制前后片外轮廓线

(1)绘制前后领口弧线。将前后领口拉开1cm,确定前后横开领大点,并重新绘制前后领口弧线。

(2)绘制前片肩斜线。作为垫肩量在前肩端点向上追加0.5cm~0.7cm,与新肩颈点连接,绘制前肩斜线。

(3)绘制新腰节辅助线。将前、后衣身腰节线抬高1cm。

(4)绘制后中缝线。将原型领深点到胸围线之间中点,经过后中心线与新腰节线交点偏进1cm点,画垂直线相交于底摆。

(5)绘制前后袖笼弧线。原型袖笼最贴近人体臂弯弧,考虑手臂活动松量,前后腋点处、后腋下加适当松量,绘制前倾袖笼弧线。背宽线至胸宽线间中点向前衣身偏1cm为对位点。

(6)绘制底摆线与门襟造型。将门襟线向下延长1.5cm连接至下摆线上。同时根据款式绘制前片圆摆造型。

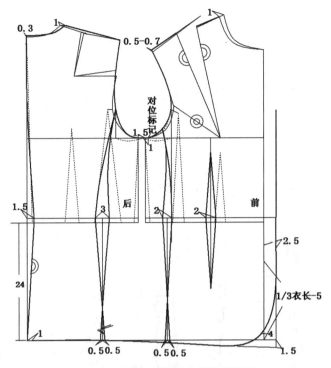

图 7-4 平驳领女式西服结构制图(2)

2. 绘制前后片内部结构

(1)绘制前后片分割线。此款是为较合体三开身结构。如图 7-4 所示,设定分割位置,各分割线和腰省,以符合人体曲面造型画出,前片胸下设腰省宽 1.5cm,前胸宽下设腰省 2cm,后片背宽下设腰省 3cm,后中腰部 1.5cm,同时在腋下两边腰省中心线到底摆两边各放 0.5cm,增加臀围处松量。

(2)绘制后片腰部分割线。将后中缝腰节处,上下各取 2cm,腰节下后中缝处衣片合并。

(三)驳领、口袋与扣位绘制

(1)确定翻折线:将前横开领大点向外延长 3cm(领座宽)作为翻折线的起点,在门襟线腰节向上 1.5cm 作为翻折线止点,连接起止点作翻折线。

(2)绘制驳头。在衣身上绘制平驳领驳头廓形效果,驳头宽为 10cm,以翻折线为对称轴作出平驳领驳头轮廓线。绘制驳领形状,并在串口线偏进 3.5cm 画领嘴角≈60°,翻领领角宽=4cm。驳领宽=8cm,绘制驳领的形状,翻领前领角宽=4cm,领缺嘴大=3.5cm。

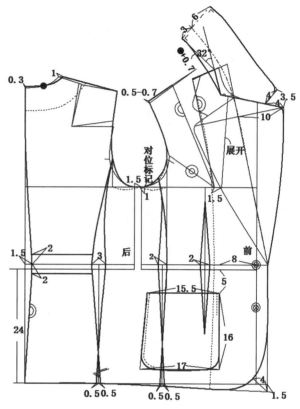

图 7-5 领子、口袋结构设计

(3)绘制翻领：在侧颈点画翻折线的平行线＝后领口弧线长●+0.7cm，倾倒角＝领座宽：3cm，翻领宽：5cm，即 3/5＝25°。领子翻折点：$3^2 \div 5 = 1.8$cm 画领翻折点，以此点向肩端点方向取领座宽 3cm 画翻领下口线，画翻领下口线的垂线＝领座宽+翻领宽，继而再画垂线，并连接翻领领角，曲线自然流畅。

(4)扣位：本款为两粒扣，第一粒于原型腰节线上 1cm 处，即驳领止口，第二粒在 1/3 衣长+5cm 处。

(5)贴袋袋位：袋位距前中 8cm，距腰节 5cm；贴袋大小 15.5cm×16cm。

在结构设计时，可根据款式特点将胸省隐藏于领口、腰节线下袋口或贴袋处。如图 7-6(a)所示，将肩省闭合转至领口，此时胸省隐藏于领口处。另一种方法，如图 7-6(b)所示，将腰节线下画剪开线，剪开线位置可放置袋口或隐藏于贴袋中。如图 7-6(c)所示，将领口处胸省闭合，腰省量加大，同时将省尖处多余量在分割线上除掉,此时在腰节线下多余分割线可隐藏于袋口或贴袋处。

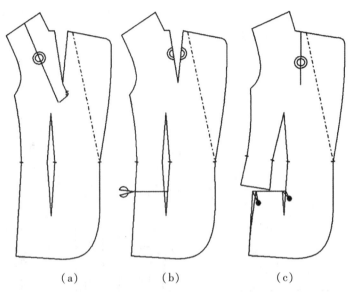

图7-6 前衣身结构设计处理方法示意图

(四)袖子结构绘制

(1)确定袖山高:如图7-7(a)所示折叠前衣身袖笼处的省道;拷贝前、后衣身袖笼弧线,袖笼底的对位点向上画垂直线;取前后肩高低间距的一半,向下至袖笼底6等分,取袖深5/6为袖山高。

(2)确定袖长。将袖山顶点向后衣身偏1cm,出于手臂方向性考虑,绘制如图7-7(b)所示。从袖山顶点向下取袖长57cm,前后袖肥中点向下画垂直线相较于袖口基础线(下平线)。

(3)绘制袖山弧线:测量前后袖笼弧线AH的长度,从袖顶点向两边袖肥线分别连斜线为前AH、后AH+0.5cm~1cm,袖山弧线绘制同袖原型,注意整体圆顺和形态的饱满。

(4)绘制前后袖基础线。将前袖的中线在轴肘线处向左偏1cm,画前袖基础线,同时取袖口大为13cm。后袖基础线在轴肘线处向右偏1cm,与后袖肥中点连线,后袖口向下倾斜=0.5cm~1cm(倾斜角度根据后袖斜度而定,保持与后袖缝呈直角)。

(5)绘制大小袖缝线:前袖缝线互借平行线3cm,后袖缝线平行互借1.5cm。袖肘线(即从上平线向下取袖长/2+2.5cm。)向内弯1cm,分别绘制前后大小袖缝线。

(6)将大袖前后袖缝线以外的袖山弧线,以前后基础缝线为准,分别对称复制,画小袖的袖山弧线。

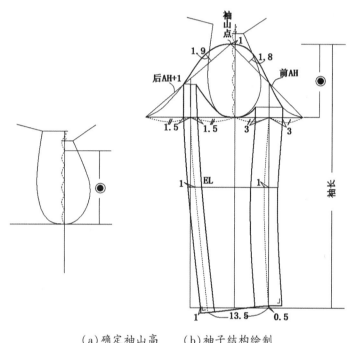

(a)确定袖山高　(b)袖子结构绘制

图7-7　袖子结构设计

四、平驳领女式西服样板制作(如图7-8所示)

按结构图中轮廓线取出净样板,在净样板的基础上,根据面料的质地性能、款式特点及工艺要求放出缝份、折边等量,打剪口,标出款式名称、裁片名称、纱向、片数等,标准样板制作完成。放缝时,服装的缝份为1cm,贴袋口、前片、侧片、后片底边缝份为4cm。大小袖片底边的宽度4cm。此款将部分袖笼省量隐藏与领口处,因此在制作样片时,需将袖笼省转移到领口处即可。领里可用领底绒制作,不需要分领的板型,只需用斜纱即可。

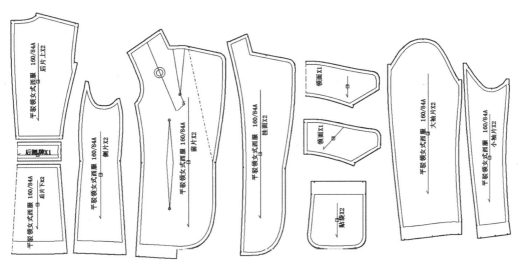

图 7-8 平驳领女式西服样板

第二节 青果领女式西服

图 7-9 青果领女式西服款式图

一、款式特点

青果领女式西服(见图7-9),该服装款式衣身为典型的四开身结构,青果领,领面断开,上翻领设计有细褶,前后衣身领口处向下设计有纵向分割线,后中心有后背缝,自然收腰。衣身左右两边双嵌线口袋,袖子为较合体两片泡泡袖结构,门襟处为斜襟小圆摆设计。即时尚又典雅,别出心裁的褶皱青果领设计与两片式泡泡袖造型相呼应,打造现代知识女性的自信、优雅形象,可采用质地较好的薄型花呢、精纺毛料或棉麻、混纺、化纤类等面料制作。

二、规格尺寸

根据款式特点和以上分析结果,对服装规格尺寸进行设定(见表7-2)。

表7-2　　青果领女式西服规格尺寸设定　　(单位:cm)

号型	部位名称	衣长(L)	胸围(B)	肩宽(S)	袖长(SL)	袖口(CW)
160/84A	净体尺寸	背长(38)	84	38	52(臂长)	15(手腕围)
	成品尺寸	54	97	35	57	26

三、结构制图绘制步骤与方法

第一,选择160/84A规格的日本新文化式原型为基础制图。

第二,原型省道分散变化,如图7-10所示。

原型省道分散变化:后衣身肩省量的2/3转移到后领口,1/3转移到袖笼处作为袖笼松量;前衣身胸省量的1/4作为袖笼处松量,领口处拉开1cm的量,余下的量作为胸省量,绘制如图7-10所示。

(一)绘制基础线(见图7-11)

(1)绘制衣长(底摆辅助线)。

将前后衣身原型腰围线水平放置。根据规格尺寸设计,衣长为56cm,而原型背长尺寸为38cm,因此,如图所示直接将原型前后腰节线平行向下追加16cm，确定衣长54cm。

（2）绘制前后侧缝与前后中心辅助线。将原型前后片以腰线对齐水平放置。在原型前片胸围线上去掉0.5cm的松量，后片胸围线上加1cm的松量。以前后片胸围大点向下画垂直线，作前、后衣身侧缝线与底摆线连接。

（3）绘制门襟辅助线。在前中心处放出搭门量2.5cm。

（二）绘制前后片外轮廓线

（1）绘制前后领口弧线。将前后领口拉开1cm，确定前后横开领大点，并重新绘制前后领口弧线。

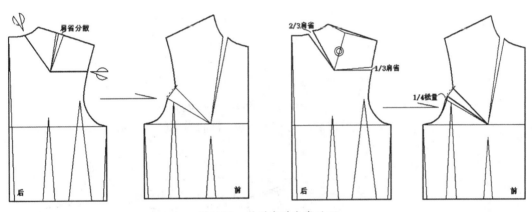

图7-10 原型省道分散处理

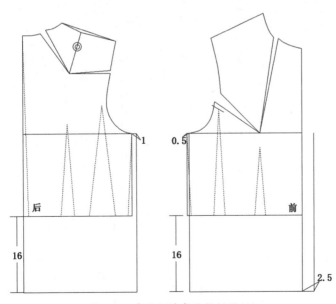

图7-11 青果领外套结构制图（1）

(2) 绘制前片肩斜线。作为垫肩量在前肩端点向上追加 0.5cm~0.7cm，与新肩颈点连接，绘制前肩斜线。

(3) 绘制新腰节辅助线。将前、后衣身腰节线抬高 2cm。

(4) 绘制后中缝线。将原型领深点到胸围线之间中点，经过后中心线与新腰节线交点偏进 1cm 点，并将此点连接至底摆。

(5) 绘制前后袖笼弧线。根据款式特点，袖子为泡泡袖结构，前后肩端点偏进 1.5cm，重新绘制前后袖笼弧线。

(6) 绘制驳头。将前横开领大点向外延长 3cm（领座宽）作为翻折线的起点，腰节上 1.5cm 作为翻折线止点，连接起止点作翻折线。在衣身上绘制青果领驳头廓形效果，驳头宽为 8cm，以翻折线为对称轴作出青果领驳头轮廓线。

(7) 绘制前后片侧缝线、底摆线与门襟造型。在前后腰部新腰节线上收进 1.5cm，下摆向外放 1.5cm，起翘 1cm，前中心线向下延长 4.5cm，偏进 2cm 点连接驳头止点，再绘制前后片侧缝线与底摆弧线，同时根据款式绘制前片圆摆造型。

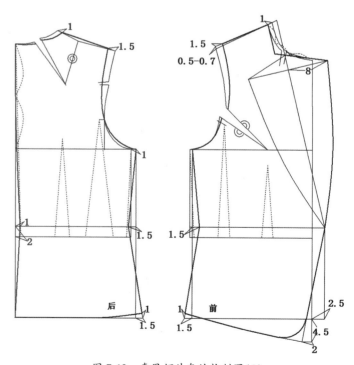

图 7-12　青果领外套结构制图（2）

(三)绘制前后片分割线

(1)绘制后片分割线。根据款式分割线在原型后片领口取点连接弧线至衣摆,在领口分割线处将转移到领口的省量去掉,并在腰部作3cm省量连接至底摆辅助线,如图7-13所示绘制两条完整的分割线。

(2)绘制前片分割线。将BP点向袖笼方向偏1.5cm点连接至领口画一条辅助线,并向下绘制垂直相交于底摆辅助线上,即为前片分割线的辅助线。在此线与新腰节线交点上取腰省2.5cm,同时连接各点,绘制前片分割线。同时将袖笼上的胸省转移至领口处。

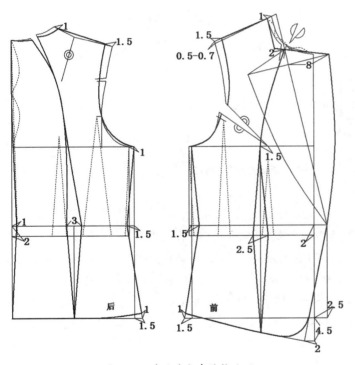

图7-13 前后片衣身结构处理

(四)绘制领子、袋位与扣位(见图7-14)

1. 青果领绘制步骤

(1)确定翻折线:将前横开领大点向外延长2cm(领座宽)作为翻折线的起点,在门襟线腰节向上2cm作为翻折线止点,连接起止点作翻折线。

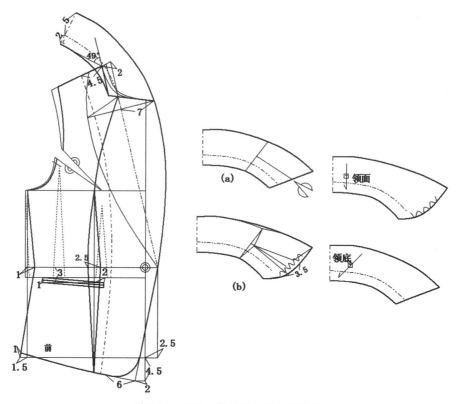

图 7-14　领子、袋位与扣位结构设计

(2) 绘制驳头。在衣身上绘制平驳领驳头廓形效果，驳头宽为 7cm，以翻折线为对称轴作出青果领驳头轮廓线。

(3) 绘制翻领：在侧颈点画翻折线的平行线 = 后领口弧线长 (●) + 0.7cm，倾倒角 = 领座宽：2cm 翻领宽：5cm：2/5 = 49°，领子翻折点：$2^2 \div 5 = 0.8$cm 画领翻折点，以此点向肩端点方向取领座宽 2cm 画翻领下口线，画翻领下口线的垂线 = 领座宽+翻领宽，继而再画垂线，并连接青果领外口弧线，曲线自然流畅。

2. 领子样片处理

此款式中，领面与驳头相接处设计有褶，领底则不需要展开。按结构图中领子的轮廓线取出净样板，如图 7-14(a) 所示，在领子样片上绘制展开线，再如图 7-14(b) 所示，将展开线处展开 3.5cm 褶量，领面即可绘制完成。注意此领面设计有褶皱，领底可用斜纱进行裁剪。

3. 确定双开线挖袋位置

在前胸宽向下画垂直线，在垂直线与新腰节线交点向下

3cm 点，绘制腰节线的水平线，在垂直线与水平线交点向前中心方向取 3cm 确定袋位的中心点，并确定袋口宽 12.5cm，如图所示绘制袋口宽 1cm。此时，衣身部分结构绘制完成。

(五) 绘制袖子

(1) 确定袖山高：如图 7-15(a) 所示，折叠前衣身袖笼处的省道；拷贝前、后衣身袖笼弧线，将前后 AH 的深度平均，取 5/6AH 确定袖山高。

(2) 对合前后袖，确认袖山弧线，绘制如图 7-15(b) 所示，将一片袖绘制成两片袖(方法参见第三章第二节两片袖绘制)。剪开袖山头放出 3.5cm 的高度，以获取泡泡袖的缩褶量，如图 7-15(c) 所示。

(3) 确定袖口 13cm。

四、青果领女式西服样板制作(如图 7-16 所示)

按结构图中轮廓线取出净样板，在净样板的基础上，根据面料的质地性能、款式特点及工艺要求放出缝份、折边等量，打剪口、标出款式名称、裁片名称、纱向、片数等，标准样板制作完成。放缝时，服装的缝份为 1cm，前后片底边缝份为 4cm。

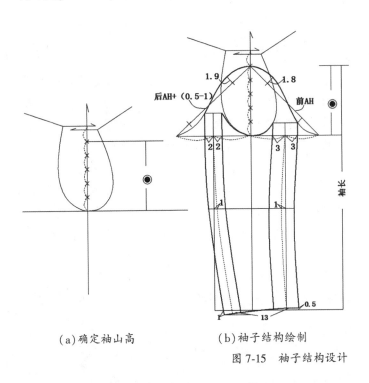
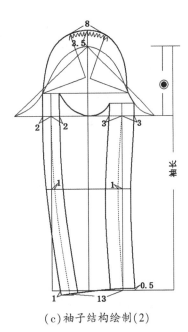

(a) 确定袖山高　　(b) 袖子结构绘制　　(c) 袖子结构绘制(2)

图 7-15　袖子结构设计

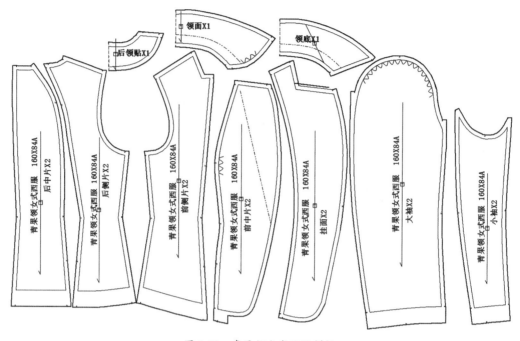

图 7-16 青果领女式西服样板

第三节 刀背结构女式西服

一、款式特点

背结构女式西服(如图 7-17 所示),该服装款式是在女式西服四开身衣身结构的基础上变化而来,衣身造型优美,能较好地展示女性优美的体态。前后片为刀背缝结构,是此款西服结构设计的重点。后衣身腰节处设计有分割线,有后背缝,腰部以下拼合,呈扇形展开。褶皱围巾领设计,二粒扣设计,前门襟下部为圆弧形下摆,腰部合体,腰省量较大,左右两边袖子为袖口省合体型一片袖,袖口处钉两颗装饰扣,服装整体突出衣领的造型设计,合体的裁剪,优质的面料,散发出现代时尚女性神秘高雅、浪漫柔情的女人气质。面料可采用自然柔和、毛感柔软的薄型全毛织品面料,也可采用手感柔和、呢面细洁、抗皱性好的涤纶、羊毛混纺花呢等面料制作。

图 7-17 刀背结构女式西服款式图

二、规格尺寸

根据款式特点和以上分析结果,对服装规格尺寸进行设定(见表 7-3)。

表 7-3　　刀背结构女式西服规格尺寸设定 (单位：cm)

号型	部位名称	衣长(L)	胸围(B)	肩宽(S)	袖长(SL)	袖口(CW)
160/84A	净体尺寸	背长(38)	84	38.5	52(臂长)	15(手腕围)
	成品尺寸	56	96	39	57	26

三、结构制图绘制步骤与方法

第一,选择 160/84A 规格的日本新文化式原型为基础制图。

原型省道分散变化,如图 7-18 所示。

原型省道分散变化:后衣身肩省量的 2/3 转移到袖笼处,作为袖笼松量;前衣身胸省量的 1/4 作为袖笼处松量,领口处拉开 1cm 的量,余下的量则依款式特点,作为临时省转移到其他位置。

(一)绘制基础线(见图 7-19)

(1)绘制衣长(底摆辅助线)。将前后衣身原型腰围线水平放置。根据规格尺寸设计,衣长为 56cm,而原型背长尺寸为 38cm,因此,如图所示直接将原型前后腰节线平行向下追加 18cm,确定衣长 56cm。

(2)绘制前后侧缝与前后中心辅助线。将原型前后片以腰线对齐水平放置。衣身胸围松量与原型松量相同,因此,直接将前后片胸围大点向下画垂直线,作前、后衣身侧缝线与底摆线连接。

(3)绘制门襟辅助线。在前中心处放出搭门量 2.5cm。

(二)绘制前后片外轮廓线与后片分割线(见图 7-20)

(1)绘制前后领口弧线。将前后领口拉开 1cm,确定前后横开领大点,前直开领深挖至前中心线与新腰节线交点上 2cm 处,并重新绘制前后领口弧线。

(2)绘制前肩斜线。作为垫肩量在前肩端点向上追加 0.5cm~0.7cm,与新肩颈点连接,绘制前肩斜线。

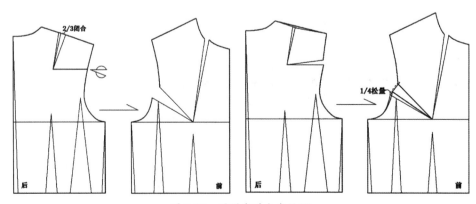

图 7-18 原型省道分散处理

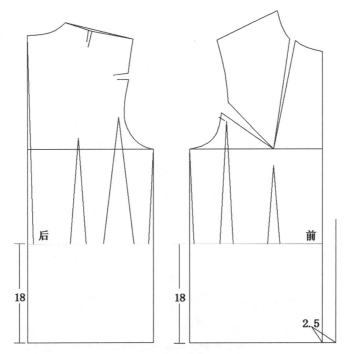

图 7-19 褶皱围巾领外套结构制图(1)

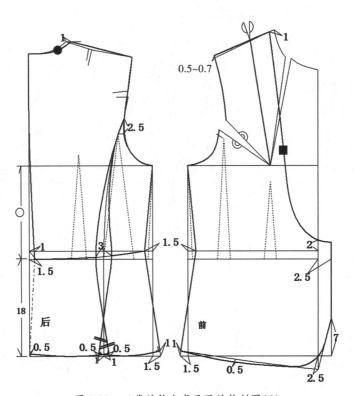

图 7-20 刀背结构女式西服结构制图(2)

(3)绘制前后新腰节辅助线。将前、后衣身腰节线抬高1.5cm。

(4)绘制后中缝线。将原型领深点到胸围线之间中点,经过后中心线与新腰节线交点偏进1cm点,并将此点连接至底摆。

(5)绘制前后片侧缝线与底摆线。在前后腰部新腰节辅助线上收进1.5cm,下摆向外放1.5cm,起翘1cm,前中心线向下延长2.5cm,连接以上各点绘制前后片侧缝线底摆弧线,同时根据款式绘制前片圆摆造型。

(6)绘制后片腰节分割线。在后中心偏进1cm点绘制弧线连接至新腰节线与侧缝交点上。

(7)绘制后片刀背缝线。在原型后片G点向上找到2.5cm点,连接至衣摆绘制刀背分割辅助线,并在腰部作3cm省,底摆处辅助线两边各放1cm摆量,如图7-20所示,绘制两条完整的刀背缝线。

(三)绘制前片分割线余挖袋位置(见图7-21)

(1)在前肩线上作一条辅助线至BP点,同时将袖笼上的胸省转移至此处。

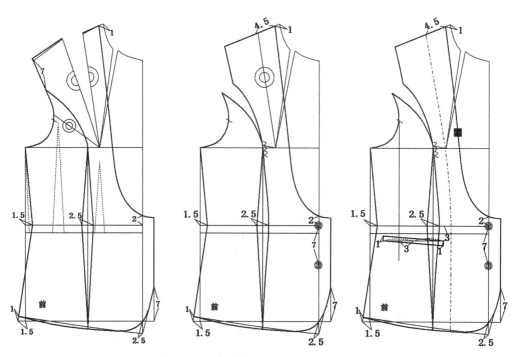

图7-21 刀背结构女式西服结构制图(3)

(2)绘制前片分割线。找到 BP 点向袖笼方向偏 2cm 点与肩端点下 7cm 点绘制弧线,并向下绘制垂直线相交于底摆辅助线上,即为前片分割线的辅助线。在此线与新腰节线交点上取腰省 2.5cm,如图所示,连接各点,绘制前刀背两边分割线。

(3)合并肩省,省量转移至前刀背分割线上,重新画顺刀背分割线。

(4)确定单开线挖袋位置。在前胸宽向下画垂直线,在垂直线与新腰节线交点向下 3cm 点绘制腰节线的水平线,在垂直线与水平线交点向前中心方向取 3cm 确定袋位的中心点,并确定袋口宽 12.5cm,如图所示绘制袋口宽 1cm。此时,衣身部分结构绘制完成。

(四)绘制领子(见图 7-22)

(1)绘制一个长方形,长为后领口弧线长(●)加上前领口弧线长(■),宽为 6cm,并绘制圆弧造型。

(2)如图 7-22 所示,将长方形宽平分 3 等分,并横向展开褶量,注意此领褶皱围巾领,可应用斜纱进行裁剪。

(五)绘制袖子

(1)确定袖山高:如图 7-23(a)所示折叠前衣身袖笼处的省道;拷贝前、后衣身袖笼弧线,将前后 AH 的深度平均,取 5/6AH 向下 1cm 确定袖山高。

(2)对合前后袖,确认袖山弧线,绘制如图 7-23(b)所示,此袖与袖口省合体基本纸样相似,可采用直接制图的方法,其构成原理与制图步骤可见第五章第二节中合体型一片袖结构设计。

四、刀背结构女式西服制作(见图 7-24)

按结构图中轮廓线取出净样板,在净样板的基础上,根据面料的质地性能、款式特点及工艺要求放出缝份、折边等量,打剪口、标出款式名称、裁片名称、纱向、片数等,标准样板制作完成。放缝时,服装的缝份为 1cm,前后片底边缝份为 4cm。

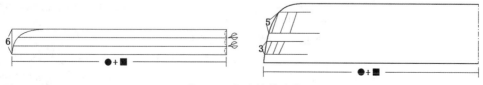

图 7-22 领子结构设计

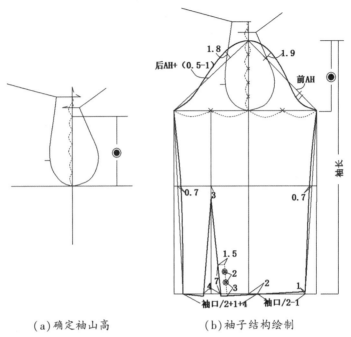

(a)确定袖山高　　　　(b)袖子结构绘制

图7-23　袖子结构设计

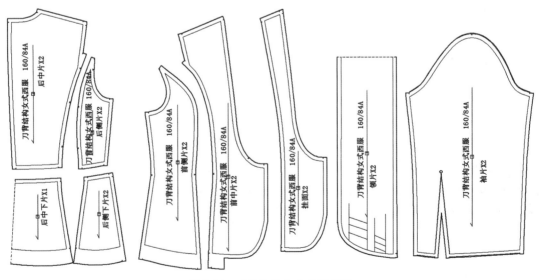

图7-24　刀背结构女式西服样板

第四节 驳领女式休闲西服

图 7-25 驳领女式休闲西服款式图

一、款式特点

驳领女式休闲西服,为超短设计,时尚利落,简洁精干,通常人们也称此类款式为夹克。夹克是英文 Jacket 的译音,即一种身长到腰部附近、长袖、开身的短上衣。翻领,对襟,通常采用拉链或按扣(子母扣),是各种工作、运动、休闲场合中最常见的一种款式。此款是将西服中翻驳领结构与夹克造型结合演变而来,因此翻驳领、偏门襟是本款西服结构设计的重点。如图 7-25 所示的女式休闲西服,衣身短,翻驳领,宽肩,衣身斜拉链设计,搭门部位左右不对称,右前片略宽,左前片的拉链缝在装饰条上,前后肩部有过肩,腰身较宽,前后育克下有纵向分割，衣身左右两边插袋设计在腰节上纵向分割线处，具有一定的装饰效果。袖子为较合体两片袖，袖口设计有袖牌，一粒扣设计。简约的造型完美展示出现代女性职场干练、帅气利落又具时尚俏丽的形象。通常采用中等厚度的休闲面料，手感细腻、略带光泽、透气性好、穿着舒适及悬垂挺括的面料皆可制作。

二、规格尺寸

根据款式特点和以上分析结果，对服装规格尺寸进行设定(见表7-4)。

表7-4　　　　驳领女式休闲西服规格尺寸设定　（单位：cm）

号型	部位名称	衣长(L)	胸围(B)	肩宽(S)	袖长(SL)	袖口(CW)
160/84A	净体尺寸	背长(38)	84	38	52(臂长)	15(手腕围)
	成品尺寸	56	100	44	57	26

三、结构制图绘制步骤与方法

第一，选择160/84A规格的日本新文化式原型为基础制图。

第二，原型省道分散变化如图7-26所示。

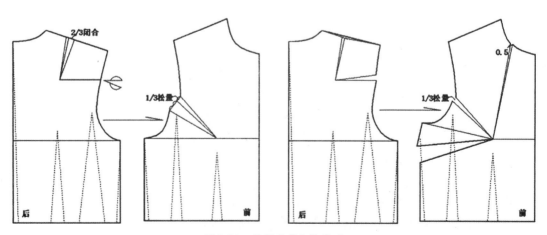

图7-26　原型省道分散处理

原型省道分散变化：后衣身肩省量的 2/3 转移到袖笼处；前衣身领口处拉开 0.5cm 的量，2/3 的胸省量转移至腋下，余下 1/3 量作为袖笼松量，绘制如图 7-26 所示。

（一）绘制基础线（见图 7-27）

（1）绘制衣长（底摆辅助线）。将前后衣身原型腰围线水平放置。根据规格尺寸设计，衣长为 56cm，而原型背长尺寸为 38cm，因此，如图所示直接将原型前后腰节线平行向下追加 8cm，确定衣长 56cm。

（2）绘制前后侧缝与前后中心辅助线。将原型前后片以腰线对齐水平放置。考虑服装穿着时，左右搭门相重叠产生的围度损耗，前片中心线向右放出 0.5cm。在原型前后片胸围大增大 1cm，袖笼深在原型基础上挖深 1cm。以前后片新的胸围大点向下画垂直线，作前、后衣身侧缝线与底摆线连接。

（3）绘制门襟辅助线。在前中心处放出搭门量 4cm。

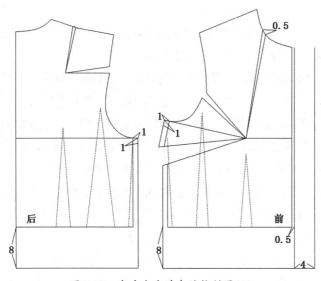

图 7-27　宽肩夹克外套结构制图（1）

（二）绘制前后片外轮廓线与分割线（见图 7-28）

（1）绘制前领口弧线。将前后领口拉开 1.5cm，确定前后横开领大点，并重新绘制前后领口弧线。

（2）绘制前后片肩斜线与袖笼弧线。前后肩宽同时加宽 3cm，作为垫肩量在前肩端点向上追加 0.5cm~0.7cm，且与新肩颈点连接，绘制前后肩斜线与袖笼弧线。

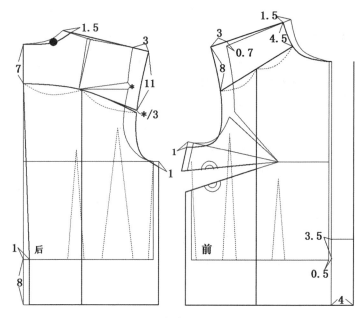

图7-28 驳领女式休闲西服结构制图(2)

(3)绘制后中缝线。为避免后背过分豁开,后中缝收腰1cm。并将此点画垂直线连接至底摆。

(4)绘制前后片育克分割线与纵向分割线。将后中心线下7cm点与袖笼弧线下11cm点连接画弧线,育克分割线上去掉1/3袖笼松量。将弧线中点向下绘制垂直线相交于底摆辅助线上。再将前领口弧线上4.5cm点与袖笼弧线上8cm点连接,将此线中点向下绘制垂直线相交于底摆辅助线上。

(三)绘制前片驳头、底摆线与拉链位(见图7-29)

(1)绘制前衣片驳头。将前横开领大点向外延长3cm(领座宽)作为翻折线的起点,腰节处门襟止口线3.5cm作为翻折线止点,连接起止点作翻折线。前直开领向下1.5cm,重新绘制领口弧线,同时将衣摆辅助线门襟处2.5cm点连接至翻折线止点,同时延长至领口与领口弧线的延长线连接。

(2)将前中心线向下延长2.5cm,并连接至侧缝线上,同时与门襟止口边连接。

(3)如图7-29所示,由于衣身搭门部位左右不对称,右前片略宽1cm,右门襟拉链位即为左前片止口线,左前片的拉链缝在装饰条上。

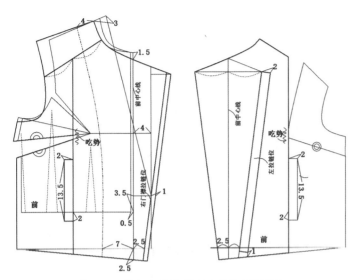

图 7-29 驳领女式休闲西服结构制图(3)

(四)驳领与口袋绘制(见图 7-30)

(1)绘制翻领：在侧颈点画翻折线的平行线＝后领口弧线长(●)+0.7cm，倾倒角＝领座宽：3cm 翻领宽：5cm；3/5＝25°，领子翻折点：$3^2 \div 5 = 1.8$cm 画领翻折点，以此点向肩端点方向取领座宽 3cm 画翻领下口弧线，画翻领下口线的垂线＝领座宽+翻领宽，继而再画垂线，并连接翻领领角，曲线自然流畅。

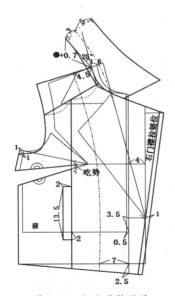

图 7-30 领子结构设计

(2) 插袋袋位：此款袋位在前衣身分割线处，位于分割线与原型交点下2cm向上画袋口大13.5cm，画袋牙宽2cm。

(五) 绘制袖子（见图7-31）

(1) 确定袖山高：如图7-31(a)所示折叠前衣身袖笼处的省道；拷贝前、后衣身袖笼弧线，将前后AH的深度平均，取3/4AH确定袖山高。

(2) 对合前后袖，确认袖山弧线，绘制如图7-31(b)所示，以后袖笼为基准。合并侧缝：前后袖笼相连，然后在此基础上绘制袖子结构。

(3) 确定袖口13cm。

四、驳领女式休闲西服样板制作（见图7-32）

按结构图中轮廓线取出净样板，在净样板的基础上，根据面料的质地性能、款式特点及工艺要求放出缝份、折边等量，打剪口、标出款式名称、裁片名称、纱向、片数等，标准样板制作完成。放缝时，服装的缝份为1cm，前片、侧片、后片底边缝份为4cm。注意：此款由于衣身搭门部位左右两边不对称，右前片宽1cm，因此左前片样板可在右前片基础上去掉1cm即可。

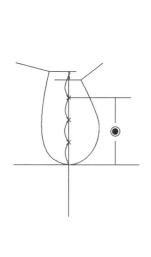

(a) 确定袖山高

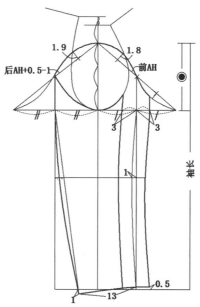

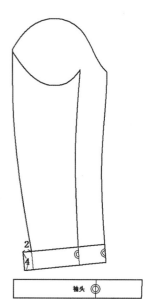

(b) 袖子结构绘制

图7-31 袖子结构设计

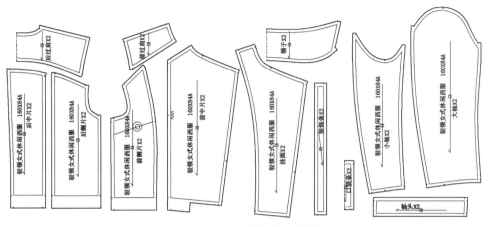

图 7-32　驳领女式休闲西服样板

第五节　连身袖结构女式西服

图 7-33　立驳领连身袖结构女式西服款式图

一、款式特点

立驳领连身袖上衣(见图7-33),此款服装衣长在臀围线附近,衣身为前后腰节线以上的半袖笼公主线结构,两侧腋下片为接腰,腰部至下摆向两侧展开,稍夸张的肩宽。双排扣立驳领,两粒扣,前门襟斜角下摆,袖子为直线型连衣袖,后片衣身背中缝破缝做收省处理,形成X形轮廓的上衣造型,较适合成熟女性穿着。本款适合中等厚度的毛料、毛混纺、化纤织物等休闲面料,悬垂挺括皆可。

二、规格尺寸

根据款式特点和以上分析结果,对服装规格尺寸进行设定(见表7-5)。

表7-5　　连身袖结构女式西服规格尺寸设定(单位:cm)

号型	部位名称	衣长(L)	胸围(B)	肩宽(S)	袖长(SL)	袖口(CW)
160/84A	净体尺寸	背长(38)	84	38	52(臂长)	15(手腕围)
	成品尺寸	58	98	40	54	26

三、结构制图绘制步骤与方法

第一,选择160/84A规格的日本新文化式原型为基础制图。

第二,原型省道分散变化如图7-34所示。

原型省道分散变化:后衣身肩省量的2/3转移到袖笼处;前衣身胸省量的1/4作为袖笼处松量,领口处拉开1cm的量,剩余胸省量转移至腋下,绘制如图7-34所示。

(一)绘制基础线(见图7-35)

(1)绘制衣长(底摆辅助线)。

将前后衣身原型腰围线水平放置。根据规格尺寸设计,衣长为56cm,而原型背长尺寸为38cm,因此,如图所示直接将原型前后腰节线平行向下追加20cm,确定衣长56cm。

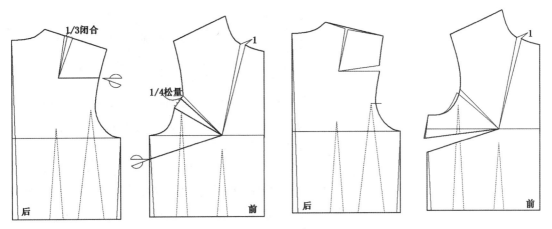

图 7-34 原型省道分散处理

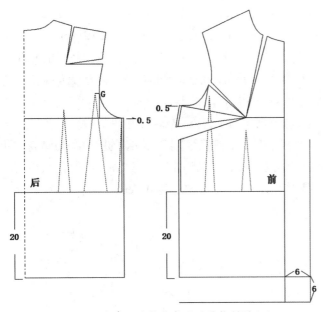

图 7-35 连身袖结构女式西服结构制图(1)

(2)绘制前后侧缝与前后中心辅助线。将原型前后片以腰线对齐水平放置。依据成品规格胸围加放 14cm，即在原型前后片胸围大基础上放出 0.5cm。以前、后片新的胸围大点向下画垂直线，作前、后衣身侧缝线与底摆线连接。

(3)绘制门襟辅助线。此款为双排扣门襟搭门宽 6cm，即在前中心处放出搭门量 6cm。

(4)绘制前衣长底摆辅助线。由于衣身前片比后衣片长，即在前后片底摆辅助线平行向下追加 6cm，同时将前片中心线与止口线延长至底摆。

(二)绘制前、后肩线与连身袖辅助线(见图7-36)

(1)绘制前领口弧线。将前后领口拉开1cm,确定前后横开领大点,并重新绘制前后领口弧线。

(2)绘制前后肩斜线:加0.8cm~1cm厚的圆头垫肩。前后肩斜在原型肩端点往上提高1cm的垫肩量,然后分别与前后颈侧点连接,确定前后肩斜线。

(3)绘制前后袖斜线与袖长。在新的肩端点水平向外1cm~2cm处,画辅助水平线与垂直线,长为10cm。根据等腰三角形确定前袖倾斜角度45°向下低落0.5cm,后袖倾斜角度为45°上抬0.5cm确定前后袖斜线,如图7-36所示,确定袖长。

(4)绘制袖口线,画袖斜线的垂直线,作为袖口线,前袖口大为袖口/2-2(cm),后袖口大为袖口/2+2(cm)。

(5)确定前后腰节线。将前、后衣身腰围线上抬1.5cm。

(6)绘制翻折线。将前肩线向领口方向延长4cm点,连接至新腰节线与门襟止口线交点。

(三)绘制插角衣片及轮廓线(见图7-37)

(1)绘制前、后侧缝线。将前后新的腰节线与侧缝辅助线交点向内偏进1cm,底摆侧缝处放出2cm,将胸围大点与以上点连接画前后侧缝线,侧缝起翘0.5cm。

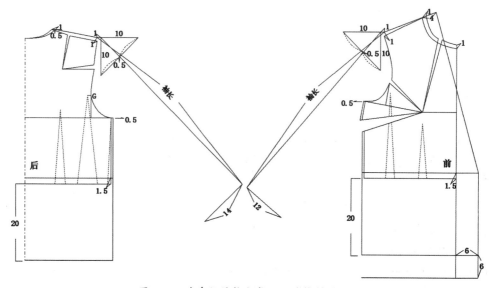

图7-36 连身袖结构女式西服结构制图(2)

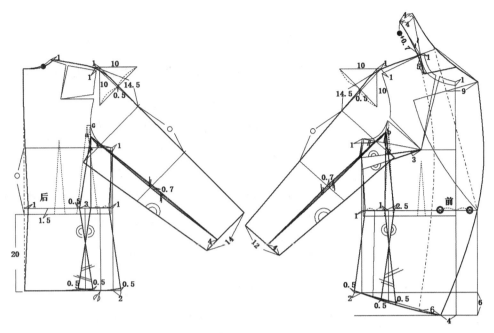

图 7-37 连身袖结构女式西服结构制图(3)

(2)绘制前后片腋下袖笼弧线。后衣身袖笼上 G 点至胸围线垂线上的 1/2 点即 a 点与袖笼深腋下低落 1cm 点作腋下袖笼弧线；前衣身胸省下端点至作胸围线垂线上的 1/2 点即 b 点与袖笼深腋下低落 1cm 点作腋下袖笼弧线。

(3)前、后袖小袖片合并为一片，绘制如图所示。在袖斜线上取袖山高 14.5cm，画垂线作为袖肥线。在前、后衣身上，从 a 点与 b 点分别开始量取与衣身袖笼弧线等长的弧线与袖宽线相交，腋下袖笼弧线需落在袖肥线上，以确定袖肥大。以前后片腋下分割线 a 和 b 处绘制到袖口分割线，后衣身与袖底的重叠量为 0.7cm~1cm 画袖底分割弧线。

(4)绘制前、后衣身腋下分割线。以 a 点与 b 点分别为前、后衣身与袖身分割线的参考点。将原型后衣片侧腰省边线向侧缝方向偏 0.5cm 点，画 3cm 腰省，并与 a 点连接。取省中点作垂直下交于底摆线上，以此交点向两边取 2cm 摆量，画底摆弧线。同样在前衣片侧腰省向前中心方向，画 2.5cm 腰省，在腰省 1cm 处画垂直线交于底摆线，同样以此交点向两边取 2cm 摆量，画底摆弧线。

(5)前后衣身下摆展开。将前后腰节处横向断开。前、后衣身下摆延展开线剪开，展开摆量后分别与前后衣身合并为一片，绘制如图 7-38 所示。

（四）领制图：（略）绘制方法可参考第四章四节

四、连身袖结构女式西服样板制作（见图 7-39）

按结构图中轮廓线取出净样板，将前片腋下省拼合，片在净样板的基础上，根据面料的质地性能、款式特点及工艺要求放出缝份、折边等量，打剪口、标出款式名称、裁片名称、纱向、片数等，标准样板制作完成。放缝时，由于挂面需连裁，因此可将领底弧线与挂面连接边，向外放 2cm 缝份，衣身服装的缝份为 1cm，前后片底边缝份为 4cm。

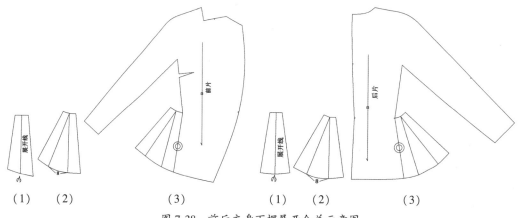

图 7-38 前后衣身下摆展开合并示意图

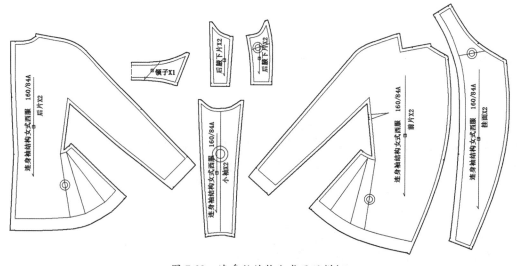

图 7-39 连身袖结构女式西服样板

第八章　女式大衣结构设计

　　大衣是穿在最外层衣服的总称，现代意义上的女装大衣是在19世纪初期，由男士穿着的呢子大衣和军用大衣演变而来的。其款式品类丰富，因造型、长短、季节、用途、面料与制作方法不同有各种不同名称。如按造型划分有：紧身(合体)大衣、箱型大衣、帐篷型大衣等。按长度划分有：短大衣、中长大衣、长大衣。按季节划分有：春秋大衣、冬季大衣和三季大衣。按用途划分有：防寒、防雨、防风、防尘等功能性大衣、晚礼服大衣。按面料划分有：裘皮大衣、针织大衣、羊绒大衣等。按制作方法划分有双面大衣、毛皮大衣。总之，女大衣包括春秋大衣、冬季大衣及风雨衣三大类，它们作为御寒、挡风、挡雨等穿用时，更强调实用性强的功能性要求，因此在结构处理上要针对不同造型要求，制定出相应的规格尺寸和各个部位的松量，在选用大衣面料时，大多针对功能性需求及服装的流行趋势，设计大衣款式并选用不同面料，且无固定样式。本章选用具有代表性的大衣款式进行结构设计并进行较深入的分析研究，通过学习能够掌握女式大衣的基本结构设计方法，同时能做到举一反三，对不同款式女大衣进行合理的结构设计。

第一节 无插角连身袖大衣

一、款式特点分析

此款式衣身前短后长，袖子与衣身相连，无袖笼线，为连身袖短大衣。其袖身宽松，圆驳头，宽驳领设计，双排扣，衣身左右两边各一个双开线带盖口袋，其造型简洁大方，适合表现柔美的肩部，是许多年轻人的喜爱的款式。面料一般采用防寒的粗花呢、维罗呢及较厚羊毛织物，驼毛及中厚毛料等，也可无夹里单层制作，穿着轻盈、方便（见图8-1）。

图8-1 褶皱围巾领外套款式图

二、规格尺寸

根据款式特点和以上分析结果,对服装规格尺寸进行设定(见表8-1)。

表 8-1　　无插角连身大衣规格尺寸设定　　(单位:cm)

号型	部位	后衣长	胸围	肩宽	袖长	袖口
160/84A	净体尺寸	背长(38)	84	38	52(臂长)	15(手腕围)
	成品尺寸	70	110	38	58	30

三、结构制图绘制步骤与方法

第一,选择160/84A规格的日本新文化式原型为基础制图。

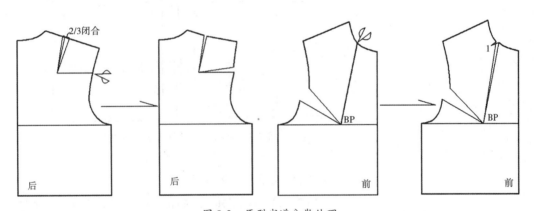

图 8-2　原型省道分散处理

第二,原型省道分散变化如图8-2所示。

原型省道分散变化:后衣身肩省量的2/3转移到袖笼处作为袖笼松量;前衣身领口处拉开1cm的量,余下的量作为胸省量,绘制如图8-2所示。

(一)绘制基础线(见图8-3)

(1)绘制衣长(底摆辅助线)。将前后衣身原型腰围线水平放置。根据款式设计的特点,前衣身比后衣身短4cm,绘图时可先将后衣长减去4cm,确定前后衣摆辅助线。如图所示直接将原型前后腰节线平行向下追加28cm。

(2)绘制前后侧缝与前后中心辅助线。将原型前后片以腰线对齐水平放置。在原型前片胸围线上追加2.5cm的松量，后片胸围线上追加4.5cm的松量。以前后片胸围大点向下画垂直线，作前、后衣身侧缝线与底摆线连接。

(3)绘制门襟辅助线。在前中心处考虑到面料的厚度需要追加0.5cm，再放出搭门量6cm。

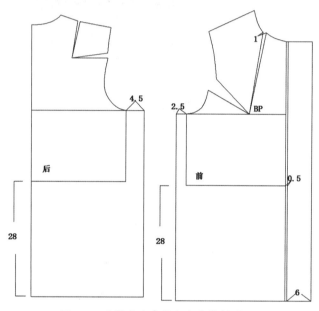

图8-3　无插角连身袖大衣结构制图(1)

(二)绘制前后片外轮廓线

(1)绘制前后领口弧线。将前后领口拉开1cm，向上抬高0.5cm，确定前后横开领大点，并重新绘制前后领口弧线。

(2)绘制前后片肩斜线。将肩端点向上抬高1cm，并与新肩颈点连接，绘制前肩斜线。

(3)绘制前后片连身袖辅助线。根据款式特点，按图指示在肩端点绘制等腰直角三角形，腰长为10cm，将此角度平分3等分，取1/3交点向上1cm，绘制前后袖中线，并取58cm，确定袖长。取袖中线的垂直线确定袖口尺寸，后袖口尺寸为前袖口尺寸加1cm并与新的胸围大点下3cm连接。

(4)绘制前后侧缝辅助线。将底摆辅助线向外延长4cm与胸围大点3cm点连接。

(5)绘制袖底线与侧缝曲线。取袖底缝线取3等分点，经过夹角平分线长 8cm 点绘制弧线并相切于侧缝辅助线，绘制连身袖底线。

（6）绘制驳头。将前横开领大点向外延长 3cm（领座宽）作为翻折线的起点，门襟线与腰节处交点作为翻折线止点，连接起止点作翻折线。在衣身上绘制翻驳领廓形效果，驳头宽为 14cm，以翻折线为对称轴作出翻驳领驳头轮廓线。

（7）绘制前后片底摆线。根据款式特点，将后中心线向下延长 4cm，侧缝向上起翘 1.5cm，绘制后片底摆弧线。将前片侧缝向上起翘 1.5cm，绘制前片底摆弧线（见图 8-4）。

(三) 翻领结构袋盖与扣位绘制

（1）翻领结构绘制

①绘制翻领下口弧线。在侧颈点画翻折线的平行线 = 后领口弧线长（●）+0.7cm，倾倒角 = 领座宽：3cm 翻领宽：12cm：3/12 = 49°，领子翻折点：$ef = 3^2 \div 12 = 0.75cm$ 画领翻折点，以此点向肩端点方向取领座宽 3cm 确定 c 点，通过 c 点画翻领下口线弧线。

②画翻领中心线。画下口线的垂线即领中心线：长 = 领座宽+翻领宽。

③绘制翻领外口弧线。以翻折线为轴，将衣身上画好的衣领造型线对称复制，并连接至领中心线上，且领中心线与领外口弧线成直角，并连接翻领领角，其曲线自然流畅，此时翻领的外轮廓线绘制完成（见图 8-5）。

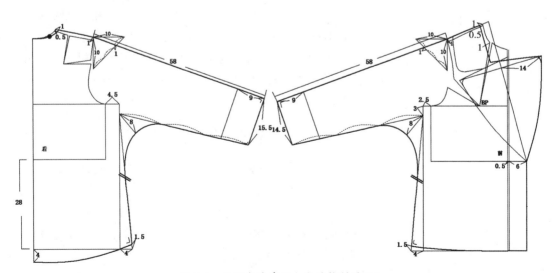

图 8-4　无插角连身袖大衣结构制图（2）

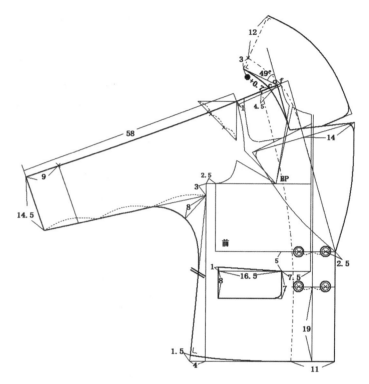

图 8-5 领子、口袋袋盖结构设计

(2)确定带盖与扣子位置

①确定袋盖,在腰节线向下 5cm 点与前中心线交点绘制水平线,如图 8-5 所示,确定袋口宽 14.5cm,同时绘制此线的平行线,宽为 7cm,连接两条水平线,且在侧缝方向点向上延长 1cm,在靠近前中心线方向袋盖为圆弧造型。

②此时,带盖绘制完成。扣位在腰节线与门襟止口 2.5cm 确定第一颗扣子,双排扣,门襟 6cm,如图所示确定扣位(见图8-5)。

四、无插角连身袖大衣样板制作

按结构图中轮廓线取出净样板,在净样板的基础上,根据面料的质地性能、款式特点及工艺要求放出缝份、折边等量,打剪口、标出款式名称、裁片名称、纱向、片数等,标准样板制作完成。放缝时,服装的缝份为1cm,前后片底边缝份为4cm(见图8-6)。

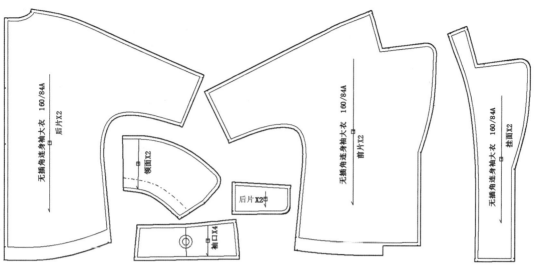

图 8-6 无插角连身袖大衣样板

第二节 落肩连帽休闲大衣

一、款式特点分析

此款是直筒型宽松式落肩短大衣，整体造型呈 H 型，直线条处理。肩部加宽下落与衣身造型呼应，一片式宽松大衣袖。前身贴袋，有袋盖与覆肩形成呼应，出于防风、防寒和装饰的需要，设计有连身帽，暗门襟装拉链，此款面料适合选用柔软中厚型毛织物，如华达呢、法兰绒、花式大衣呢等，也可用灯芯绒、皮革等材料（见图8-7）。

二、规格尺寸

根据款式特点和以上分析结果，对服装规格尺寸进行设定（见表8-2）。

图 8-7 落肩连帽短大衣款式图

表 8-2　　　落肩连帽休闲大衣规格尺寸设定(单位：cm)

号型	部位	衣长	胸围	袖长	袖口
160/84A	净体尺寸	背长(38)	84	52(臂长)	15(手腕围)
	成品尺寸	78	114	58	31

三、结构制图绘制步骤与方法

第一，选择 160/84A 规格的日本新文化式原型为基础制图。

第二，原型省道分散变化如图 8-8 所示。

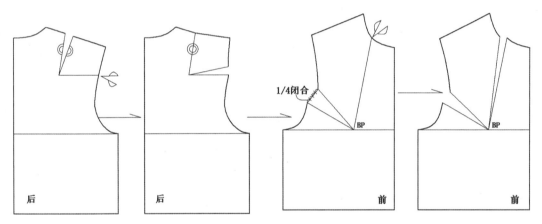

图 8-8　原型省道分散处理

原型省道分散变化：后片肩省全部转移到袖笼，前片胸省全部留在袖笼。后衣身肩省量的 2/3 转移到袖笼处作为袖笼松量；前衣身胸省量的 1/4 作为袖笼处松量，领口处拉开 1cm 的量，余下的量作胸省量，转移至肩部。

(一)绘制基础线

(1)绘制衣长(底摆辅助线)。将前后衣身原型腰围线水平放置。根据规格尺寸设计，衣长为 78cm，而原型背长尺寸为 38cm，因此，直接将原型前后腰节线平行向下追加 40cm，确定衣长 78cm，以前后中心线向下画垂直线与底摆线连接(见图 8-9)。

(2)绘制前后侧缝线。整体衣身结构为宽松直筒型，胸围放松量在原型的基础上增加 18cm，后片加放 6cm，前片加放

3cm，由腋下向后身平移4.5cm垂线为前后侧缝线。

（3）绘制门襟辅助线。在前中心处考虑到面料的厚度需要追加0.5cm，再放出搭门量2.5cm。

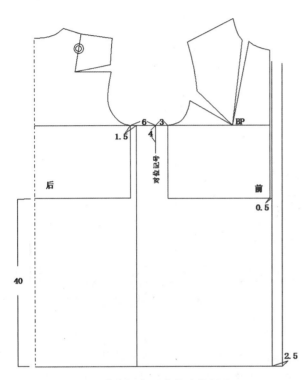

图8-9 连身帽休闲外套结构制图（1）

（二）绘制前后片外轮廓线（见图8-10）

绘制前后领口弧线。将后中心点向上抬0.5cm，前领深下落3cm，前后领口拉开1cm，确定前后横开领大点，并重新绘制前后领口弧线。

（2）绘制前片肩斜线与前后袖笼弧线。将前后肩端点向上抬高1cm，分别连接前后新的颈侧点连接，将前后肩线延长5cm确定肩端点，绘制前后肩斜线，呈现落肩造型，袖笼深在原型基础上下落4cm，分别画前后袖笼弧线，将前片胸围松量3cm点与篷弧线交点为对位点。

（三）绘制前后肩部覆肩、连身帽与贴袋结构绘制

（1）绘制前后肩部覆肩。将原型前后中心线向上4.5cm，前后肩端点向前后中心线方向偏进2cm绘制前后覆肩。

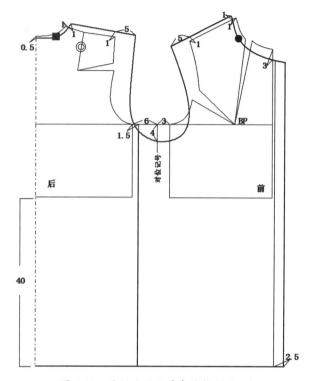

图8-10 平驳头西服外套结构制图(2)

(2)绘制连身帽。连身帽在衣身基础上绘制连身帽,依据款式需要,将门襟止口线向上延长1/2连身帽长度+3cm,帽宽30cm绘制垂直线与肩颈点水平线向下2cm点水平线连接,如图所示在交点偏进2cm点处绘制装领线,长为前后领口弧线长。

(3)绘制贴袋。根据款式要求画贴袋与袋盖,贴袋长约18.5cm,宽约17cm。袋盖长约为19cm,宽6cm(见图8-11)。

(四)袖子结构绘制

(1)确定袖山高:如图8-12(a)所示折叠前衣身袖笼处的省道;拷贝前、后衣身袖笼弧线,袖笼底的对位点向上画垂直线;取前后肩高低间距的一半,向下至袖笼底6等分,取袖深5/6为袖山高。

(2)袖山点向后衣身偏1cm,出于手臂方向性考虑,绘制如图8-12(b)所示。

(3)绘制袖山弧线:测量前后袖笼弧线AH的长度,从袖顶点向两边袖肥线分别连斜线为前AH-1.2、后AH-1.2cm,

袖山弧线绘制同袖原型，注意整体圆顺和形态的饱满。

（4）确定袖长，袖片内缝线、袖口及袖口处装饰带。将后袖肥中点向后袖缝线偏2cm，绘制垂直线相交于袖山弧线与袖口辅助线，在此交点向两边找到1.5cm点，如图8-12（b）所示，绘制袖片内缝线。前后袖中线合并成一片袖，袖山弧线=袖笼弧线长，后袖缝线=前袖缝线。

四、落肩连帽休闲大衣样板制作

按结构图中轮廓线取出净样板，在净样板的基础上，根据面料的质地性能、款式特点及工艺要求放出缝份、折边等量，打剪口、标出款式名称、裁片名称、纱向、片数等，标准样板制作完成。放缝时，服装的缝份为1cm，前后片底边缝份为4cm（见图8-13）。

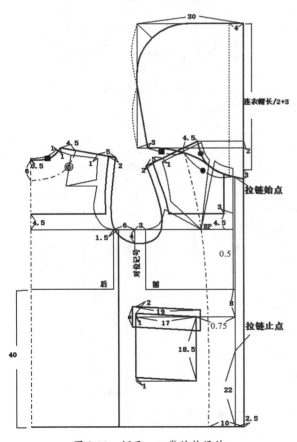

图8-11 领子、口袋结构设计

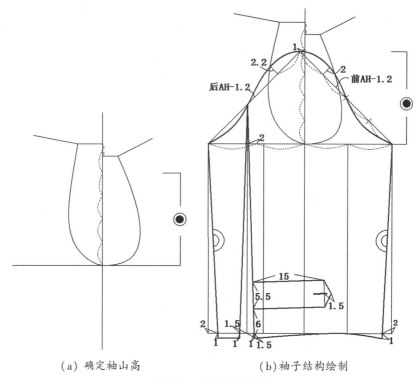

(a)确定袖山高　　　　(b)袖子结构绘制

图 8-12　袖子结构设计

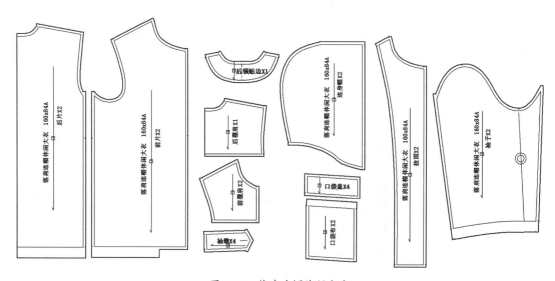

图 8-13　落肩连帽休闲大衣

第三节　插肩袖双排扣风衣

一、款式特点分析

此款为男女广泛穿着的大衣，也是风衣的一种款式，叠门较宽，双排扣，前胸右边与背部有盖布设计，翻驳领，双排扣设计，插肩袖设计，袖口有装饰腰襻。左右两边设计有插袋，后中心处设计有对褶，衣片前后自然向两边放摆，呈A型展开，腰带可自然控制腰部的松紧度，衣身整体结构为典型的风衣款式设计，可采用优质棉加少许氨纶质地高级的精纺中厚风衣专用面料或毛型面料制作(见图8-14)。

图8-14　褶皱围巾领外套款式图

二、规格尺寸

根据款式特点和以上分析结果,对服装规格尺寸进行设定(见表8-3)。

表8-3　　插肩袖双排扣大衣规格尺寸设定（单位：cm）

号型	部位	衣长	胸围	袖长	袖口
160/84A	净体尺寸	背长(38)	84	52(臂长)	15(手腕围)
	成品尺寸	102	108	58	31

三、结构制图绘制步骤与方法

第一，选择160/84A规格的日本新文化式原型为基础制图。

第二，原型省道分散变化如图8-15所示。

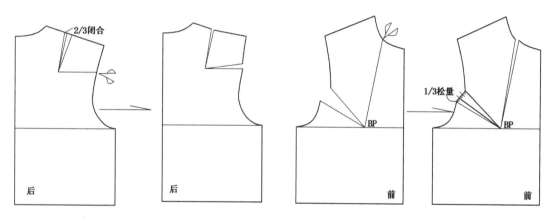

图8-15　原型省道分散处理

原型省道分散变化：后衣身肩省量的2/3转移到袖笼处作为袖笼松量；前衣身领口处拉开1cm的量，余下胸省量的1/3作为袖笼处松量，2/3作为胸省量，作为衣身造型展开使用，绘制如图8-15所示。

（一）绘制基础线(见图8-16)

（1）绘制衣长(底摆辅助线)。将前后衣身原型腰围线水平放置。根据规格尺寸设计，衣长为102cm，而原型背长尺寸为

38cm，因此，直接将原型前后腰节线平行向下追加64cm，确定衣长102cm。

（2）绘制前后侧缝与前后中心辅助线。将原型前片以腰线对齐水平放置。在原型前片胸围线上增加2cm的松量，后片胸围线上加4cm的松量。以前后片胸围大点向下画垂直线，作前、后衣身侧缝线与底摆线连接。

（3）绘制门襟辅助线。在前中心处考虑到面料的厚度需要追加0.5cm（如面料不是太厚也可不必加此面料厚度），再放出双排扣搭门量7cm。

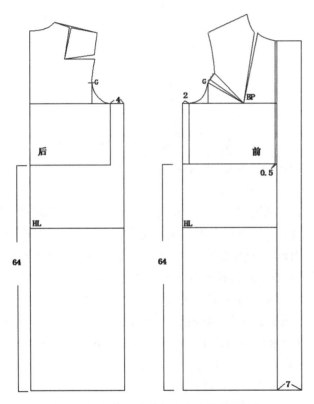

图8-16 插肩袖双排扣大衣结构制图（1）

（二）绘制前后片插肩袖与衣身外轮廓线（见图8-17）

（1）绘制前后领口弧线。将颈侧点向上抬高0.5cm，前后领口拉开1cm，确定前后横开领大点，并重新绘制前后领口弧线。

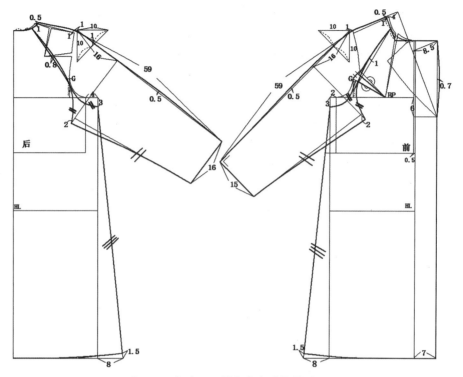

图 8-17　插肩袖双排扣大衣结构制图(2)

(2)绘制驳头。将前横开领大点向外延长 4cm(领座宽)作为翻折线的起点,门襟线与胸围线交点向下 6cm 点作为翻折线止点,连接起止点作翻折线。在衣身上绘制翻驳领廓形效果,驳头宽为 8.5cm,以翻折线为对称轴作出翻驳领驳头轮廓线。

(3)绘制前后片肩斜线与袖斜线。如图 8-17 所示,将肩端点向上抬高 1cm,颈侧点抬高 0.5cm,重新绘制肩斜线。在前后肩端点水平线向外 1cm 作直角边为 10cm 的等腰直角三角形,前肩斜角度为直角距离中点,后肩斜角度为直角距离中点向上 1cm 点,分别绘制前后袖斜线。

(4)确定袖长与袖山高。以前后肩端点水平线向外 1cm 点为起点,在袖斜线上量取 58cm 为袖长尺寸,取 16cm 为袖山高,并画垂直线作为袖肥线。

(5)绘制前后插肩线。后插肩线为后领口 1/3 的位置通过 G 点到胸围线 2/3 的位置画顺。前插肩线为前领口 1/3 处通过 G 点到胸宽线 1/2 的位置画顺(注意:根据款式需要将袖笼深下挖 3cm,防止胺下产生不适感觉,下挖量一般根据面料与内穿服装的厚度而定。前片袖弧线的上部分与衣身插肩线重合,后片弧线分割线上去掉0.8cm，下部分弧线与插肩袖的下部分弧线方向相反，弧线长度相等）。

(6)确定前后袖口大。后袖口大取后袖肥的2/3作为袖口尺寸，前袖口大在前袖肥的基础上去掉后袖肥的1/3的量，如图8-17所示画出前后袖口线与袖底线。前后袖底线调整相等长度。

(7)绘制前后片侧缝线、底摆线与门襟造型。在前后腰部新腰节线上收进1.5cm，下摆向外放8cm，起翘1.5cm，分别绘制前后侧缝线与底摆弧线。

(三)绘制后片中缝对褶与前片展开线(见图8-18)

(1)绘制后片中缝对褶。根据款式特点，在后中缝腰节线上5cm处设计16cm对称褶。

(2)绘制前片展开线。将前衣片胸省尖点向下画垂直线相交于底摆，以便将胸省转移至下摆，此线为前片展开线。

(3)确定前后覆肩与前盖布位置。

(4)确定斜插袋、扣位、袖攀、腰袢位置(方法如图8-19所示)。

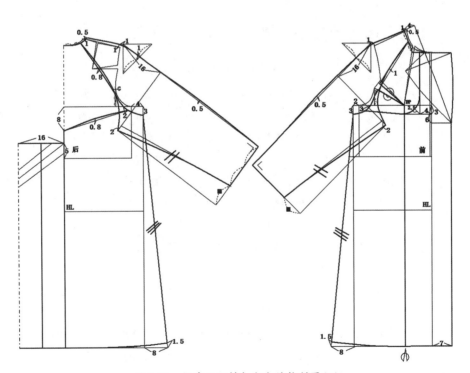

图8-18 插肩袖双排扣大衣结构制图(3)

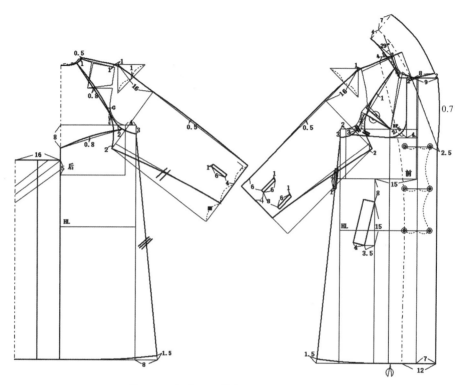

图 8-19 插肩袖双排扣大衣结构制图(3)

(四)绘制领子、袖口带和腰带

(1)绘制驳头。将前横开领大点向外延长 4cm(领座宽)作为翻折线的起点,胸围线下 6cm 处作为翻折线止点,连接起止点作翻折线。在衣身上绘制西服领驳头廓形效果,驳头宽为 8.5cm,以翻折线为对称轴作出驳头轮廓线。

制翻领下口弧线。在侧颈点画翻折线的平行线=后领口弧线长(●)+1cm,倾倒角=领座宽:4cm 翻领宽:7cm;4/7=29°,领子翻折点:$of=4^2\div7\approx2.3$cm 画领翻折点,以此点向肩端点方向取领座宽 4cm 确定 c 点,通过 c 点画翻领下口线弧线。

(2)画翻领中心线。画下口线的垂线即领中心线:长=领座宽+翻领宽。

(3)绘制翻领外口弧线。以翻折线为轴,将衣身上画好的衣领造型线对称复制,并连接至领中心线上,且领中心线与领外口弧线成直角,并连接翻领领角,其曲线自然流畅,此时翻领的外轮廓线绘制完成(见图 8-20)。

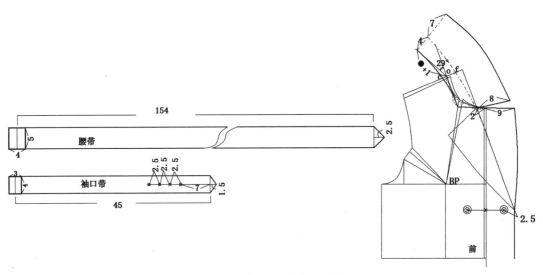

图 8-20 领子、袖口带和腰带绘制

(五)样片处理

将前盖布样片与前片样片复制,分别画上展开线,延展开线剪开,闭合省量,重新绘制圆顺弧线,此时前盖布与前片样片需处理完成(见图 8-21)。

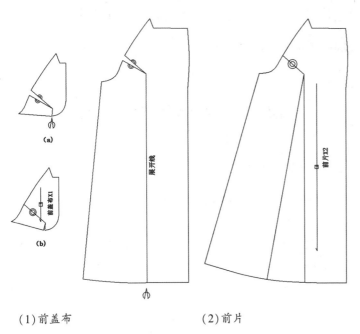

(1)前盖布　　　　(2)前片

图 8-21 样片处理示意图

四、插肩袖双排扣大衣样板制作

按结构图中轮廓线取出净样板,在净样板的基础上,根据面料的质地性能、款式特点及工艺要求放出缝份、折边等量,打剪口、标出款式名称、裁片名称、纱向、片数等,标准样板制作完成。放缝时,服装的缝份为1cm,前后片底边缝份为4cm(见图8-22)。

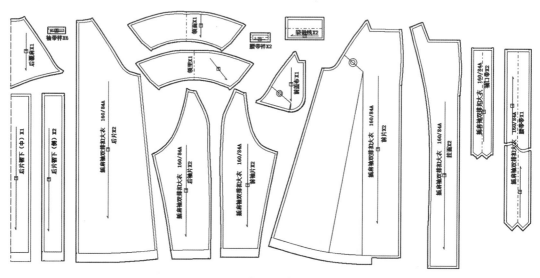

图8-22 插肩袖双排扣大衣样板

第四节 时尚收腰式中长大衣

一、款式特点分析

时尚收腰式中长大衣,上衣身为四开身结构,腰节线上抬,前后刀背分割线,强调表现人体曲线,门襟处为双排扣,衣片前后下半身结构左右两边各有一个对褶,呈裙摆式造型,给人时尚大方,具有女性魅力。常采用华达呢、法兰绒、女士呢等中厚呢绒面料制作(见图8-23)。

图 8-23 时尚收腰式中长大衣款式图

二、规格尺寸

根据款式特点和以上分析结果,对服装规格尺寸进行设定(见表 8-4)。

表 8-4　　**收腰式中长大衣规格尺寸设定**　　(单位:cm)

号型	部位	衣长(L)	胸围(B)	袖长(SL)	袖口(CW)
160/84A	净体尺寸	背长(38)	84	52(臂长)	15(手腕围)
	成品尺寸	88	104	58	26

三、结构制图绘制步骤与方法

第一,选择 160/84A 规格的日本新文化式原型为基础制图。

第二,原型省道分散变化如图 8-24 所示。

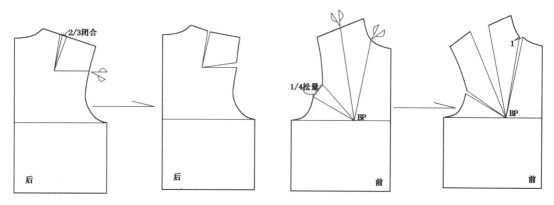

图 8-24 原型省道分散处理

衣身原型处理:后片肩省的 2/3 转移到袖笼为松量,剩余的省量作为肩部缩量。前片领口处拉开 1cm,剩余胸省的 1/4 留在袖笼为松量,其余省量转至肩部,作为肩省。

(一)绘制基础线(见图 8-25)

(1)绘制衣长(底摆辅助线)。将前后衣身原型腰围线水平放置。根据规格尺寸设计,衣长为 88cm,而原型背长尺寸为 38cm,因此,如图所示直接将原型前后腰节线平行向下追加 50cm,确定衣长 88cm。

(2)绘制前后侧缝与前后中心辅助线。将原型前后片以腰线对齐水平放置。在原型前片胸围大追加 1.5cm 的松量,后片胸围大加 2.5cm 的松量。以前后片胸围大点向下画垂直线,作前、后衣身侧缝线与底摆线连接。

(3)绘制门襟辅助线。在前中心处放出搭门量 6cm(见图 8-25、图 8-26)。

(二)绘制前后片外轮廓线(见图 8-26)

(1)绘制前后领口弧线。将前后领口拉开 1cm,颈侧点向上抬高 0.5cm,前直开领下挖 2.5cm,并重新绘制前后领口弧线。

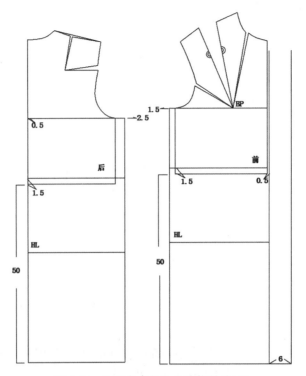

图 8-25 收腰式中长大衣结构制图(1)

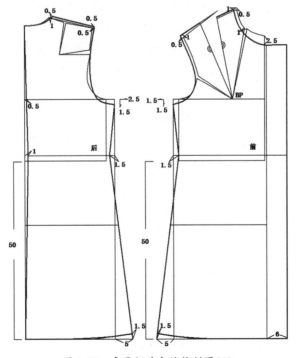

图 8-26 青果领外套结构制图(2)

(2)绘制前后片肩斜线。将前后肩端点向外延长 0.5cm，后肩端点向上抬高 0.5cm，前肩端点向上抬高 1cm，重新绘制前后肩斜线。

(3)绘制新腰节辅助线。将前、后衣身腰节线抬高 1.5cm。

(4)绘制后中缝线。将原型领深点到胸围线之间中点，经过后中心线与新腰节线交点偏进 1cm 点，并将此点连接至底摆。

(5)绘制前后袖笼弧线。根据款式特点，前后袖笼深下挖 1.5cm，重新绘制前后袖笼弧线。

(6)绘制前后片侧缝线、底摆线与门襟造型。在前后腰部新腰节线上收进 1.5cm，下摆向外放 5cm，底摆起翘 1.5cm，依上各点绘制前后片侧缝线与底摆弧线(见图 8-27)。

(三)绘制前后片分割线(见图 8-27)

(1)绘制后衣身分割线。将后片腰宽中点向下画垂直线交于底摆，以中点作为省中心点，取 2.5cm 腰省，同时将两边腰省线连接至臀围，其次在袖笼剪开处为起点，到腰省作弧线连接，形成后片刀背缝。

(2)绘制前衣身分割线。将前片腰宽中点向侧缝方向取 2.5cm 省，在省中心点向下画垂直线交于底摆，将腰省边线连接至臀围，在原型的袖笼省位点为起点连接到腰宽中点与省大点起点，同时画弧线连接形成前片刀背缝。在前刀背缝与胸围线交点向下取 2.5cm 点连接至 BP 点上，此线为切展线，延切展线剪开，将肩省闭合，此时省量将转移至分割线中，前后衣身绘制完成。

(四)绘制领子结构(见图 8-28)

(1)画领子的倾倒线。按领座高 3cm，领面宽 6cm，查配领松量表，即可查得为 32°，由于领口呈现"U"形，因此在此基础上需追加 50%，即为 32°+32°×50% = 48°。以颈侧点 o 为圆心，倾倒角度为 48°，画领子的倾倒线，长为后领口弧线长加 0.7cm。

(2)画领子的翻折线。从 o 点向领口方向取领座的平方除以领面，即 $3^2/6 = 1.5$cm 即可找到领面的翻折点，即为 f 点，经过 f 点，即可画出翻折线。

(3)画衣领轮廓线。在倾倒线段上画垂线，取 9cm(领座 3cm 与领面宽 6cm)画后中心线。从 f 点向肩端点方向取领座

3cm 点，即为 c 点，经过 c 点，画领底弧线，再根据款式造型画领子的外口线，即外轮廓线此时领子绘制完成。

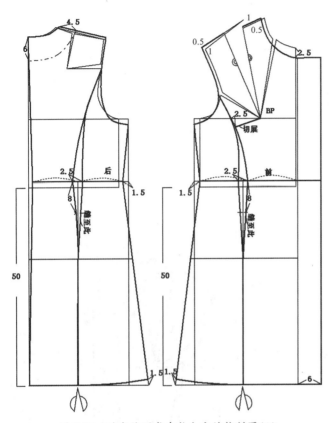

图 8-27 时尚收腰式中长大衣结构制图（2）

（五）确定单开线挖袋与纽扣位置（见图 8-28）

（1）单开线挖袋位置。将前片腰省向侧缝方向偏 3cm 点向下画垂直线，在 5.5cm 点处确定插袋上口位置，再向下取 15cm 点并向侧缝方向偏 2.5cm，确定插袋下口位置，如图所示绘制袋口嵌线宽 4cm。

（2）纽扣位置。最上第一颗扣位是在门襟上端点向下 2.5cm 确定第一颗纽扣，最下一颗纽扣在新腰节线下 12cm 的位置，在将第一颗扣位和最下一颗扣位之间的距离等分，可按图 8-28 所示绘制双排扣。

（六）绘制袖子（见图 8-29）

（1）确定袖山高：如图 8-29（a）所示折叠前衣身袖笼处的省道；拷贝前、后衣身袖笼弧线，将前后 AH 的深度平均，取

5/6AH 确定袖山高。

（2）对合前后袖，确认袖山弧线，绘制如图 8-29（b）所示，将一片袖绘制成两片袖（方法参见前文两片袖绘制）。

（3）确定袖口 14.5cm。

四、公主线收腰式长大衣样板制作（见图 8-30）

按结构图中轮廓线取出净样板，在净样板的基础上，根据面料的质地性能、款式特点及工艺要求放出缝份、折边等量，打剪口、标出款式名称、裁片名称、纱向、片数等，标准样板制作完成。放缝时，服装的缝份为 1cm，前后片底边缝份为 4cm（见图 8-30）。

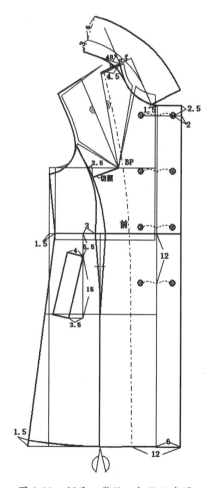

图 8-28　领子、袋位、扣位示意图

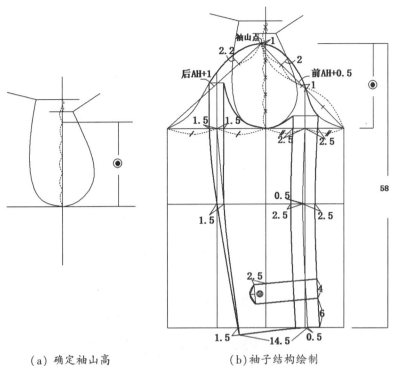

（a）确定袖山高　　　（b）袖子结构绘制

图 8-29　袖子结构设计

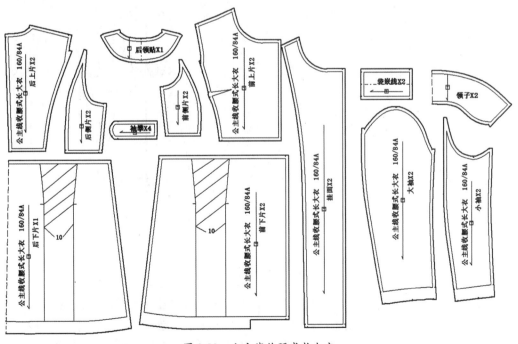

图 8-30　公主线收腰式长大衣

第五节 腰部抽褶波浪领大衣

图 8-31 波浪领大衣款式图

一、款式特点

此款为波浪领大衣,后中心处断开,腰部与袖口设计有抽褶,前领形成一个大波浪,敞开式门襟设计,衣身左右两边,侧缝处设计有隐形插袋,整体效果简洁、优雅,充分展露现代女性生活上的高品位。该款服装可采用华达呢、法兰绒、毛混纺、化纤织物等中厚型织物面料(见图8-31)。

二、规格尺寸

根据款式特点和以上分析结果，对服装规格尺寸进行设定(见表8-5)。

表8-5　　　波浪领大衣规格尺寸设定　　(单位：cm)

号型	部位名称	衣长(L)	胸围(B)	肩宽(S)	袖长(SL)	袖口(CW)
160/84A	净体尺寸	背长(38)	84	38.5	52(臂长)	15(手腕围)
	成品尺寸	96	100	37	58	

三、结构制图绘制步骤与方法

第一，选择160/84A规格的日本新文化式原型为基础制图。

第二，原型省道分散变化如图8-32所示。

原型省道分散变化：将后衣身肩省量闭合转移到腰节处作为衣摆展开量，1/3转移到袖笼处作为袖笼松量；前衣身胸省量的1/4作为袖笼处松量，余下的量转移至腰节处作为衣摆展开量。

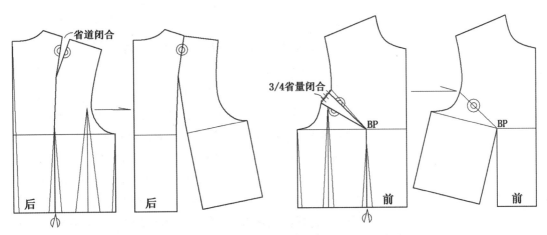

图8-32　原型省道分散处理

（一）绘制基础线（如图8-33、图8-34所示）

（1）绘制衣长（底摆辅助线）。将前后衣身原型腰围线水平放置。根据规格尺寸设计，衣长为96cm，而原型背长尺寸为38cm，因此，如图所示直接将原型前后腰节线平行向下追加58cm，确定衣长96cm。

（2）绘制前后侧缝、后中心与底摆辅助线。将原型前后片侧缝线与后中心线延长并相交于底摆辅助线。

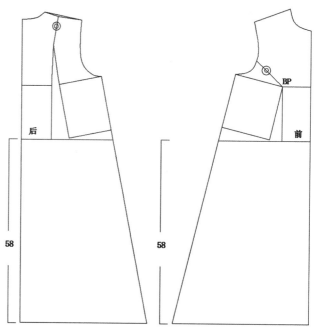

图8-33　波浪领大衣结构制图（1）

（二）绘制前后片外轮廓线（见图8-35）

（1）绘制前后领口弧线。将前后领口拉开2cm，确定前后横开领大点，后领深低落1.5cm，重新绘制前后领口弧线。

（2）绘制前后片肩斜线。依据款式特点，后片颈侧点向上抬高0.5cm，肩端点向上抬高1cm，前片颈侧点向下低落0.5cm，肩端点向上抬高1cm，防止肩斜线后移。

（3）绘制驳头。此款为敞开式门襟结构，先将新的颈侧点向外延长2cm（领座宽）作为翻折线的起点，前中心与底摆线交点作为翻折线止点，连接起止点作翻折线。在颈侧点作翻折线平行线取4cm点作领口切线向外延长，取驳头宽18cm，画驳头外口弧线。

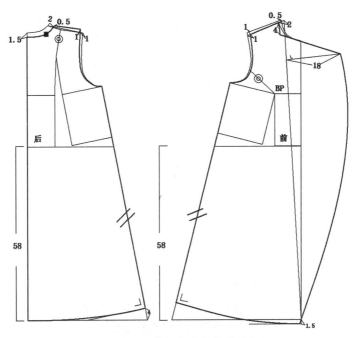

图 8-34　波浪领大衣结构制图(2)

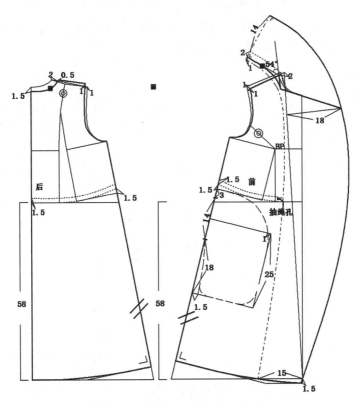

图 8-35　波浪领大衣结构制图(3)

(4)绘制前后侧缝线与底摆弧线。将后片底摆侧缝处向上起翘4cm,画圆顺弧线,前片侧缝与后片侧缝线相等。依据款式特点将前中心线向下1.5cm画水平线,并将驳头外口弧线延长至此线上,同时绘制前片底摆弧线。

(三)确定隐形插袋位置

在原型腰节向下3cm点为起点,确定向上14cm,再向下取18cm确定插袋深,口袋宽为21cm,如图8-35所示,绘制隐形插袋。此时,衣身部分结构绘制完成。

(四)绘制领子

如图8-35所示,方法参见第四章第四节青果领绘制。

(五)绘制袖子(见图8-36)

(1)确定袖山高:如图8-36(a)所示,拷贝前、后衣身袖笼弧线,将前后AH的深度平均,取5/6AH确定袖山高。

(2)对合前后袖,确定袖肥与袖山弧线。绘制如上图所示,绘制袖山弧线与袖缝线。

(3)绘制袖长、袖口弧线。在袖中线上,袖山顶点向下取60cm确定袖长,在袖口处两边放3cm加褶量,在袖口上6cm处抽褶。注意,由于此款为长袖,且袖口处设计有抽褶,因此袖长需稍长。

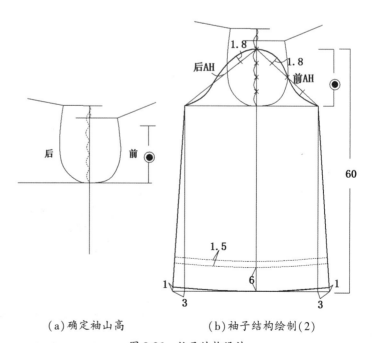

(a)确定袖山高　　(b)袖子结构绘制(2)

图8-36　袖子结构设计

四、波浪领大衣样板制作（见图8-37）

按结构图中轮廓线取出净样板，在净样板的基础上，根据面料的质地性能、款式特点及工艺要求放出缝份、折边等量，打剪口、标出款式名称、裁片名称、纱向、片数等，标准样板制作完成。放缝时，服装的缝份为1cm，前后片底边、袖口缝份为4cm。

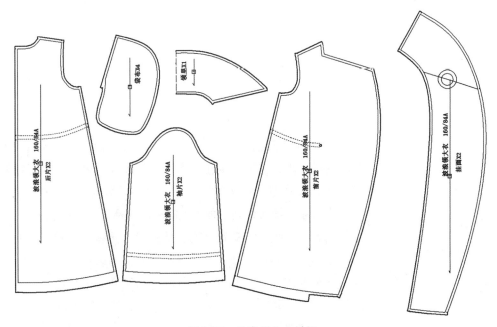

图8-37　波浪领大衣样板

第九章 连衣裙结构设计

连衣裙是衣身与裙身相连的款式结构，是女装中较为常见的品类，其款式变化丰富、种类多样。按服装轮廓造型分类，有 H 型、X 型、A 型、O 型等。按分割线变化分类，有纵向分割、横线分割两种。纵向分割包括前后中心线、公主线、刀背分割线等。横向分割包括腰节线分割、高腰节分割、低腰节分割和育克分割等。根据连衣裙的结构形式，可将连衣裙分为横向分割型、纵向分割型与混合型三种形式。在结构处理上，要针对不同造型的要求，制定好相应的规格尺寸和各个部位的舒适量，尤其是较为紧身合体的款式，对其三维人体的曲面变化塑造要求较高，除了考虑具体人的不同形态特征，也要做相应的修饰和夸张的处理，在结构制图过程中，礼服类服装应尽量结合立体裁剪的方法反复修正，才能取得正确的纸样。

第一节 露肩式前开襟连衣裙

一、款式特点分析

如图 9-1 所示，图中款式为腰部分割式连衣裙，露肩、前开襟、落肩领、肩部有肩带，腰部系有腰带。此款衣身较合体，前片设计有腋下省，前后片腰部两边设计有腰省，且与裙子腰省对合在一条直线上，下摆向两边展开，呈 A 字造型。面料材质适合选用棉、麻、薄型毛料或化纤织物等，此款是许多年轻女生所喜爱的时尚款式。

图 9-1　露肩式前开襟款式图

二、规格尺寸

根据款式特点和以上分析结果，对服装规格尺寸进行设定(见表 9-1)。

表 9-1　　露肩式前开襟连衣裙规格尺寸设定

号型	部位	衣长	胸围	腰围
160/84A	净体尺寸	背长(38)	84	66
	成品尺寸	104	98	70

三、结构制图绘制步骤与方法

第一，选择160/84A规格的日本新文化式原型为基础制图。

第二，原型省道分散变化如图9-2所示。

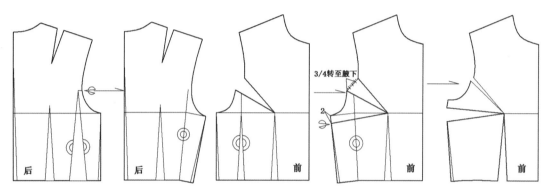

图9-2　高腰节分割式连衣裙省道分散处理

(1)此款式为露肩式结构，腰部较为合体，因此后片衣身肩省量不需要进行任何处理，可将侧腰省转移至袖笼弧线上，同时修正袖笼弧线。

(2)前衣片袖笼处胸省的3/4省量闭合转至腋下，剩余1/4省量作为袖笼处松量。

(一)衣身结构制图(见图9-3)

(1)绘制门襟辅助线。在前中心处放出搭门量2cm与腰节线相交。

(2)绘制前后袖笼弧线。将前后肩端点向上抬高1cm，分别连接至颈侧点，同时前后领口拉开6.5cm，取肩带宽5cm。在前后侧缝处加入0.5cm松量，袖笼深点向上抬高1cm，绘制袖笼弧线(注意：无袖或露肩式上衣的袖笼深需要上抬，以防止腋下裸露过多，上台量一般为1cm~2cm)。

(3)绘制前后领水平线与肩带。分别将前中心门襟止口线处取4.5cm点、后中心领深8cm点作水平线相交于前后袖笼弧线上。同时将前后横开领大点作垂直线相交呈直角,后片则将此交点向后中心方向偏进 2.5cm,绘制后肩带。前片则将此交点向前中心方向偏进 1.5cm,绘制前肩带,以前后肩线为准,将前后肩带拼合,此时肩带绘制完成。

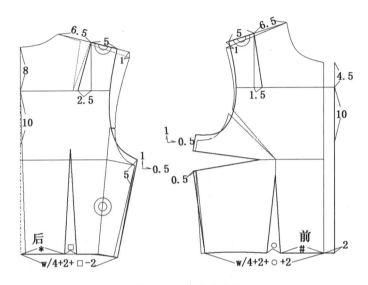

图 9-3 衣身结构绘制

(4)绘制前后贴边。在前后中心线与领口水平线交点向下取 10cm,侧缝处取 5cm 如图画曲线确定前后贴边。

(5)确定腰围尺寸。该款连衣裙腰围松量为 8cm,在腰节接缝线上,后腰围:腰围/4+2+□-2(□为后衣身腰省量),前腰围:腰围/4+2+○+2(○为前衣身腰省量),绘制侧缝线和前后衣摆线。

(二)裙身结构绘制(见图 9-4)

(1)绘制裙身底摆线:绘制一条水平线即裙身腰节辅助线,根据规格尺寸设计,衣长为 103cm,而原型背长尺寸为 38cm,因此向下量取裙身长 65cm,即可绘制裙身底摆辅助线。

(2)绘制前后臀围线与侧缝辅助线:此款裙身为半喇叭造型,在中臀处贴体而底摆宽松,臀围松量为 8cm。将前后腰节辅助线向下取 18cm 绘制臀围线:前臀围/2=H/4+2+1,后臀围=H/4+2-1,分别与腰节水平线与底摆辅助线连接,此时前后侧缝辅助线绘制完成。

(3)绘制裙身前后腰围线。画腰围线与衣身腰围同尺寸,衣身腰省位置与裙身腰省位置对应。后片应在腰围辅助线上取：腰围/4+2+■-2（■为后裙衣身腰省量），垂直向上1.5cm，后中心点向下低落0.5cm，绘制裙身后片腰围线。同样在前腰围辅助线上取：腰围/4+2+●+2（●为裙衣身腰省量），垂直向上1.5cm，绘制前片腰围线。

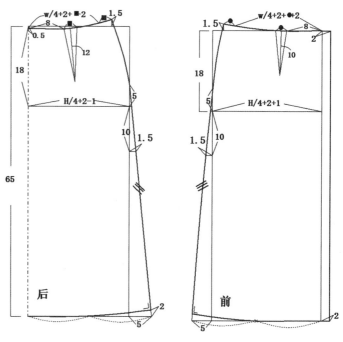

图9-4　裙身结构绘制

（4）绘制前后侧缝线与底摆弧线。自臀围线与侧缝辅助线交点向下取10cm点，并向外侧水平取1.5cm点，连接臀围线上5cm点，并向上向下延长，依图画出底摆弧线与侧缝线。此时，连身裙衣身绘制完成。

（5）绘制裙身门襟。在前中心处放出搭门量2cm与腰节线及裙底摆线相交。

(三)落肩领、腰带与扣位结构绘制（见图9-5）

（1）绘制落肩领：以前后原型肩端点为基点画10cm等腰直角三角形，取直角边线中点连接至基点，同时向下绘制延长线，以基点向此线段取5cm点，绘制弧线相切于领口水平线上，此弧线为落肩领口弧线，领宽为8.5cm，绘制后落肩领。同样方法绘制前片落肩领。由于此款为开襟式结构，因此在前中心处，落肩领外口弧线与前中心线交点向袖笼方向偏进 1.5cm 点连接至领口弧线与前中心交点。

（2）确定连身裙扣位：在前中心线与底摆交点向上 29cm 至前片领口线与前中心线交点向下 1.5cm 点，平分 6 等分，其等分点为连身裙扣位。

（3）腰带长为腰围尺寸加 18cm，宽为 4cm，如图所示绘制腰带，此时连身裙绘制完成。

四、露肩式前开襟连衣裙样板制作

按结构图中轮廓线取出净样板，在净样板的基础上，根据面料的质地性能、款式特点及工艺要求放出缝份、折边等量，打剪口、标出款式名称、裁片名称、纱向、片数等，标准样板制作完成。放缝时，服装的缝份为 1cm，前后片底边缝份为 4cm（见图 9-6）。

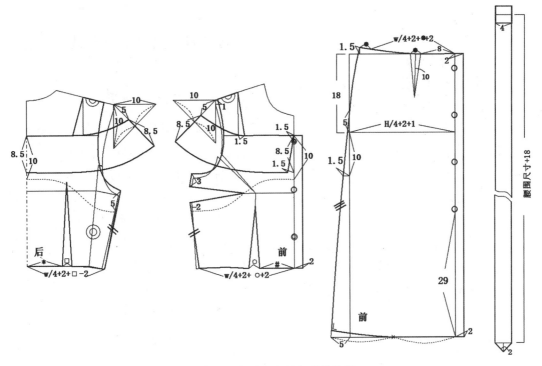

图 9-5　领子、扣位与腰带绘制

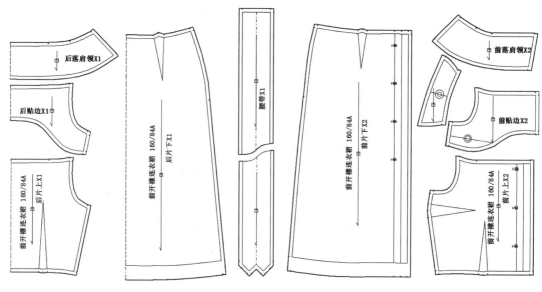

图 9-6　露肩式前开襟连衣裙样板

图 9-7　高腰节分割式连衣裙款式图

第二节　高腰节分割式连衣裙

一、款式特点分析

如图 9-7 所示，此款为高腰节分割式连衣裙。方形领口，泡泡袖，袖口采用打结式收口设计，分割线位置在正常腰节线基础上向上抬高，稍低于胸围线，为帝王式分割，下摆呈喇叭造型。前后片腰部两边设计有腰省，后片肩部保留肩胛省，且后中心开拉链。面料材质适合选用棉、麻、薄型毛料或化纤织物等，此款是许多年轻女生所喜爱的时尚款式。

二、规格尺寸

根据款式特点和以上分析结果，对服装规格尺寸进行设定(见表 9-2)。

表 9-2　高腰节分割式连衣裙规格尺寸设定（单位：cm）

号型	部位	衣长	胸围	袖长
160/84A	净体尺寸	背长(38)	84	
	成品尺寸	85	96	28

三、结构制图绘制步骤与方法

第一，选择 160/84A 规格的日本新文化式原型为基础制图。

第二，原型省道分散变化如图 9-8 所示。

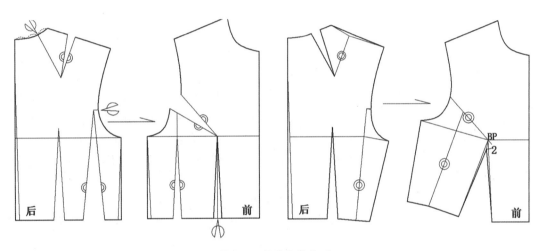

图 9-8　省道分散处理

(1)后片衣身肩省量转移至后领口 1/3 处，且侧腰省闭合，并修正后片袖笼弧线与后肩线。

(2)前衣片袖笼处胸省省量闭合转至前片腰省处，侧腰省闭合，并修正前片袖笼弧线。

(一)衣身结构制图(见图 9-9)

绘制前后片腰部横向分割线。将原型腰节线与后中线交点向上抬高 10cm，并绘制水平线相交于侧缝线交点，省边线距离用●表示。采取同样方法绘制前片，且省尖 BP 点 2cm，省边线距离用■表示。

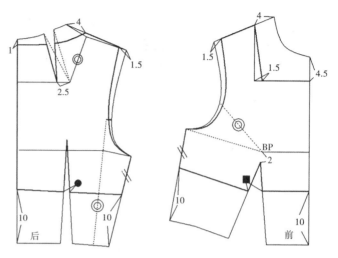

图 9-9 衣身结构绘制

绘制前后领口线。将后领口拉开 4cm，深向下挖 1cm，领口省省尖向后中心方向偏 2.5cm，重新绘制后领口省与领口弧线。前领口与后领口一样拉开 4cm 点向下绘制垂直线与直开领下挖 4.5cm 点的水平线相交呈直角，将此交点向前中心方向偏进 1.5cm，将此点与 4cm 点连接，即可绘制衣身方领口线。

(二)裙身结构绘制(见图 9-10)

(1)绘制裙身底摆辅助线：将前后衣身原型腰围线水平放置。根据规格尺寸设计，衣长为 85cm，而原型背长尺寸为 38cm，因此直接将原型前后腰节线平行向下追加 47cm，确定衣长 85cm，即可绘制裙身底摆辅助线。

(2)绘制前后裙片辅助线与裙摆展开线：将后衣身横向分割线与侧缝线交点向后中心方向偏进 ● 点量，向上 1cm 点向下画垂线相交于底摆线，将底摆辅助线平分 2 等分，并向右延长 1/2 等分作为侧缝处放摆量，再将腰部横向分割线平分 3 等分，分别与底摆处等分点连接，即可画出裙摆展开线。以同样方法绘制前片裙片。

(3)绘制前后裙摆弧线：将后片裙身侧缝底摆处向上 1.5cm 点绘制裙摆弧线。采取同样方法以后裙摆侧缝线长度确定前裙摆侧缝线长度并绘制前片裙底摆弧线。此时，连身裙衣身部分绘制完成。

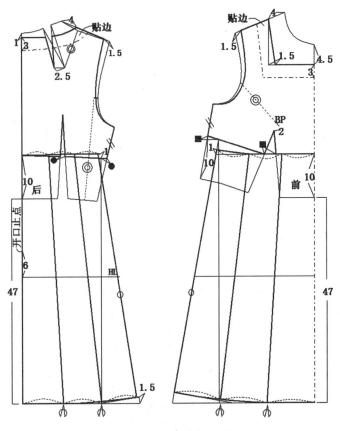

图 9-10 裙身结构绘制

(三)袖子结构绘制(见图 9-11)

(1)调出衣身原型袖子样板。将袖肥线向下取 13cm 绘制水平线确定袖底摆辅助线。

(2)在袖中线两边各平移展开 2.5cm,为袖山抽褶量与袖口系结松量;沿袖肥线剪开,在袖山顶点两边追加袖山褶量和泡量,并重新绘制圆顺袖山弧线。

(3)绘制系结结构线。将袖中线向下延长 32cm,袖底摆辅助线两边各收进 2.5cm,同时将两点连接,并以两边线段中点绘制垂直线上取 2.5cm 点,绘制两边弧线,将袖中线剪开至袖口辅助线上 5cm 处,此时袖口系结结构绘制完成。

(四)裙子样片处理(见图 9-12)

四、高腰节分割式连衣裙样板制作

按结构图中轮廓线取出净样板,在净样板的基础上,根据面料的质地性能、款式特点及工艺要求放出缝份、折边等量，打剪口、标出款式名称、裁片名称、纱向、片数等，标准样板制作完成。放缝时，服装的缝份为1cm，前后片底边缝份为4cm（见图9-13）。

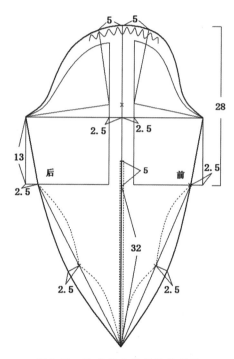

图9-11　披肩式女衬衫结构制图

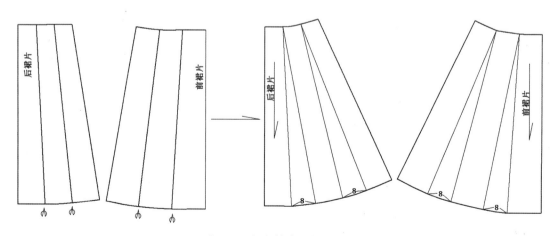

图9-12　裙子样片处理示例图

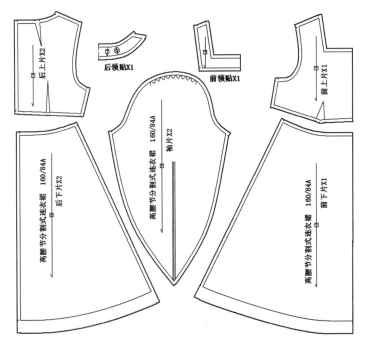

图 9-13　高腰节分割式连衣裙样板

第三节　低腰节碎褶连衣裙

一、款式特点分析

如图 9-14 所示，此款为低腰分割线、在分割线以下裙身处两边加入碎褶，且呈 A 型的连衣裙。前后衣片两边各有一个腰省以突出腰部造型，袖子为喇叭短袖，领子为大圆领，后中心处绱隐形拉链。面料材质适合选用薄型棉布或丝绸、薄型毛料或化纤织物等。

二、规格尺寸

根据款式特点和以上分析结果，对服装规格尺寸进行设定（见表 9-3）。

图 9-14 低腰节碎褶连衣裙款式图

表 9-3　　低腰节碎褶连衣裙规格尺寸设定（单位：cm）

号型	部位	衣长	胸围	腰围	肩宽	袖长
160/84A	净体尺寸	背长(38)	84	66	38.5	54(臂长)
	成品尺寸	108	91	68	36.5	26

三、结构制图绘制步骤与方法

第一，选择 160/84A 规格的日本新文化式原型为基础制图。

第二，原型省道分散变化如图 9-15 所示。

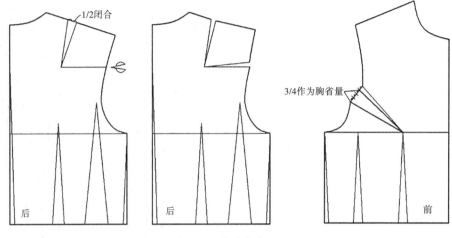

图 9-15 省道分散处理

(1)后片衣身 1/2 肩省量转移至后袖笼弧作为袖笼松量。

(2)前衣片袖笼处 1/4 胸省省量留在袖笼为松量,余下的浮余量为胸省。

(一)绘制连衣裙基础线结构(见图 9-16)

(1)绘制裙身底摆辅助线:将前后衣身原型腰围线水平放置。衣长为 108cm,而原型背长尺寸为 38cm,因此直接将原型前后腰节线平行向下追加 70cm,确定衣长 108cm,即可绘制裙身底摆辅助线。

(2)确定胸围与腰围尺寸。胸围放松量在原型的基础上减少 5cm,由于后背缝在胸围线处收进 0.5cm,故前后片胸围大点各收进 1cm,绘制垂直线相交于腰节线上,以此点分别向前后中心偏进 1.5cm,确定腰围尺寸。

(3)绘制连衣裙前后侧缝辅助线:自腰节线向下 18cm 绘制臀围线,确定前臀围:H/4+2-1,后腰围:H/4+2+1,绘制垂直线与底摆辅助线相交,同时将臀围大点与腰围大点连接。

(4)绘制低腰节分割辅助线:腰节线下 8cm 画绘制水平线,确定前后低腰分割辅助线。

(二)绘制连衣裙结构线(见图 9-17)

(1)绘制领口线、袖笼线:前后肩端点收进 1cm,取小肩宽 6cm,前直开领下挖 8cm,后领深下挖 5cm,分别画前后领口线与袖笼线。

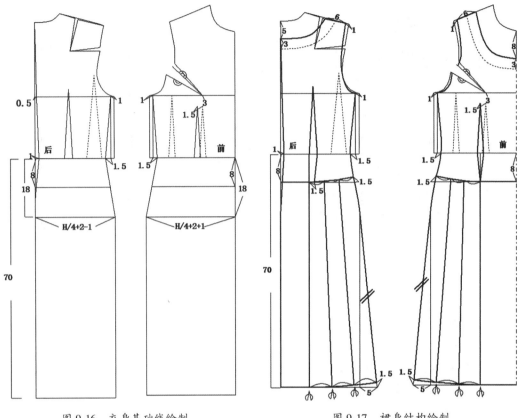

图 9-16 衣身基础线绘制　　　　图 9-17 裙身结构绘制

(2) 绘制前后腰省。如图 9-17 所示将后片腰省边线向下画垂直线相交于低腰节分割线上，取 1.5 点与另一省边线连接，前片腰省平移 1.5cm，取省中心点绘制垂直线相交于低腰节分割线上，同时将腰省边线连接至此点。

(3) 绘制低腰节分割线与底摆弧线。自低腰节分割辅助线与侧缝线交点向上取 1.5cm，如图所示绘制弧线相切于辅助线上。同样将底摆辅助线与侧缝交点向上 1.5cm 绘制弧线。

(4) 绘制裙摆展开线。此款碎褶主要分布在前后片腰省向侧缝方向，因此在裙身此处腰节与底摆弧线平分三等份绘制展开线，如图 9-18 所示，腰节处分别展开 3cm，下摆处分别展开 6cm。

(三) 绘制袖子结构

(1) 确定袖山高：折叠前衣身袖笼处的省道；拷贝前、后衣身袖笼弧线，以前后肩高度差的 1/2 到袖笼深线的 4/5 确定袖山高，绘制如图 9-19(1) 所示。

(2)袖长线：从袖山顶点向下量取袖长26cm，画袖口基础线。

(3)袖肥大：从袖山顶点分别量取前AH和后AH-0.5cm，连接到袖笼深线确定袖肥。

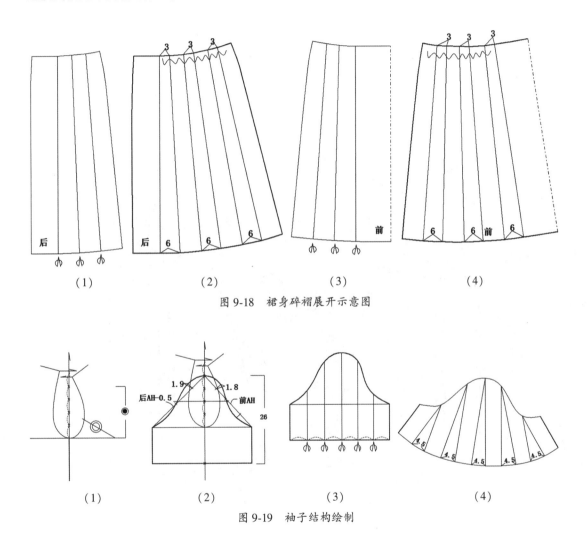

图9-18 裙身碎褶展开示意图

图9-19 袖子结构绘制

(4)袖山弧线：根据前后袖斜线，如图9-19(2)画顺袖山弧线。

(5)绘制袖片切展线：在袖口基础线上，以袖中线为准向两边平分3等分，如图9-19(3)所示，作垂直线相交于袖山弧线上。如图9-10(4)所示，加入4.5cm展开量，并画顺袖口线，此时连身裙结构绘制完成。

四、低腰节碎褶连衣裙样板制作

按结构图中轮廓线取出净样板,在净样板的基础上,根据面料的质地性能、款式特点及工艺要求放出缝份、折边等量,打剪口、标出款式名称、裁片名称、纱向、片数等,标准样板制作完成。放缝时,服装的缝份为1cm,前后片底边缝份为3cm(见图9-20)。

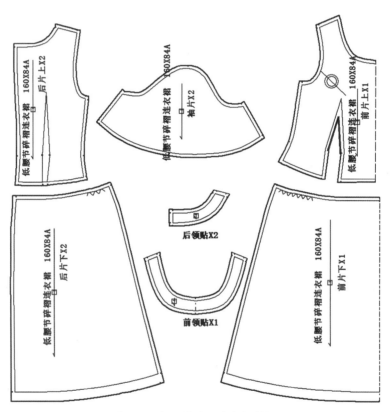

图9-20 低腰节碎褶连衣裙样板

第四节 左右不对称式连衣裙

一、款式特点

高腰节分割式连衣裙(见图9-21),为左右不对称式分割连衣裙,前后左边衣片为公主线分割,从公主线至右边侧缝处,腰部设计有横向分割线,分割线位置在正常腰节线基础上向上抬高,下摆呈喇叭造型。圆形领口,中袖,在公主线即左边腰部侧缝处开拉链。面料材质适合选用棉、麻、薄型毛料或化纤织物等,此款是许多年轻女生所喜爱的时尚款式。

图 9-21 高腰节分割式连衣裙款式

二、规格尺寸

根据款式特点和以上分析结果,对服装规格尺寸进行设定(见表9-4)。

表9-4　　高腰节分割式连衣裙规格尺寸设定(单位:cm)

号型	部位名称	衣长(L)	胸围(B)	袖长(SL)	腰围	肩宽(S)
160/84A	净体尺寸	背长(38)	84	臂长(52)	66	38.5
	成品尺寸	123	96	45	68	38.5

三、结构制图绘制步骤与方法

第一,选择 160/84A 规格的日本新文化式原型为基础制图。

第二,原型省道分散变化如图 9-22 所示。

(1)此款为不对称式设计,因此前后片左右两边需分别依据款式特点进行省道分散处理。将后衣片一边侧腰省闭合,肩胛省 1/3 转至袖笼弧作为松量,剩余 2/3 肩胛省量一边留在肩部,通过公主线分割去掉,另一边则转至腰省处,同时修正后片袖笼弧线与后肩线。

(2)同样将前衣片一边侧腰省闭合,袖笼处胸省省量 1/4 作为袖笼处松量,剩余 3/4 省量一边转至肩部离肩端点 6cm 处,一边则转至腰省处,同时修正前片袖笼弧线。

(一)衣身结构制图(见图 9-23)

(1)绘制前后领口线。将前后片原型左右两边,分别以前后中心线对合放置,后领口拉开 2cm,深向下挖 1.5cm,前领口拉开 2cm,直开领下挖 2.5cm,重新绘制前后领口弧线。

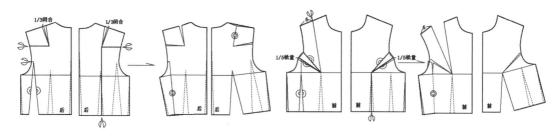

图 9-22 省道分散处理

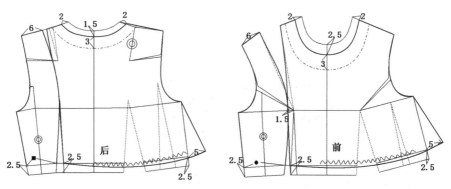

图 9-23 衣身结构绘制

(2)绘制前后片纵向分割线(即公主线)。将肩胛省移至左边后片肩端点6cm处,以此肩胛省向腰省处绘制纵向割线。同样将前片肩省省尖与腰省向袖笼弧方向偏1.5cm与腰省连接成圆顺弧线,此时衣身部分纵向分割线绘制完成。

(3)绘制前后片腰部横向分割线。分别将前后衣片右边侧缝向上2.5cm点向外展开5cm(腰部增加褶量),与腰省边线上2.5cm点连接绘制弧线,衣身横向分割线绘制完成。左边后片腰宽距离用■表示,前片腰宽距离用●表示。

(二)裙身结构绘制(见图9-24)

(1)绘制裙身底摆辅助线:将前后衣身原型腰围线水平放置。根据规格尺寸设计,衣长为123cm,而原型背长尺寸为38cm,因此直接将原型前后腰节线平行向下追加85cm,即可绘制裙身底摆辅助线。

(2)绘制前后裙片辅助线:如图9-24所示,分别将前后衣身横向分割线侧缝、腰省中心线与前后中心线向下画垂线相交于底摆线。

(3)绘制前后片裙摆展开线:将右边横向分割线平行向下5cm,即可确定裙摆上口弧线。裙片前后辅助线侧缝处放12cm

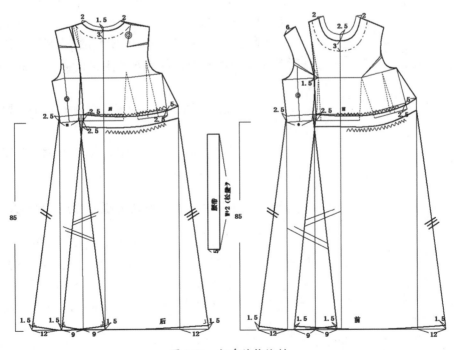

图9-24 裙身结构绘制

摆量,前后省中心线处两边各放9cm摆量,底摆处向上1.5cm点绘制裙摆弧线,此时连身裙衣身部分绘制完成。前后左边连身衣片。

(4)绘制腰宽衣片:在右边腰节处插入腰宽5cm,长为腰围-(■+●)。

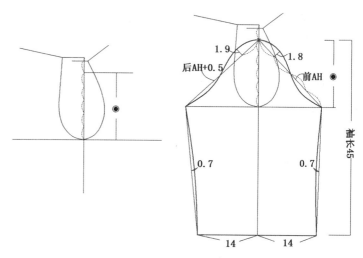

图9-25 披肩式女衬衫结构制图(3)

(三)袖子结构绘制

(1)确定袖山高:拷贝前、后衣身袖笼弧线,以前后肩高度差的1/2到袖笼深线的5/6确定袖山高,绘制如图9-25所示。

(2)袖长线:从袖山顶点向下量取袖长45cm,画袖口基础线。

(3)袖山弧线:根据前后袖斜线,如图9-25所示画顺袖山弧线。此时袖子结构绘制完成。

四、左右不对称式连衣裙样板制作(见图9-26)

按结构图中轮廓线取出净样板,在净样板的基础上,根据面料的质地性能、款式特点及工艺要求放出缝份、折边等量,打剪口,标出款式名称、裁片名称、纱向、片数等,标准样板制作完成。放缝时,服装的缝份为1cm,前后片底边缝份为3cm。

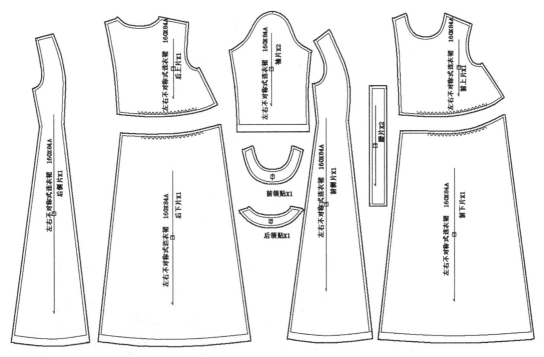

图 9-26 左右不对称式连衣裙样板

第五节 挂脖式连衣裙

一、款式特点

高腰节分割式连衣裙(见图 9-27),此款为底腰节挂脖式连衣裙。前片低腰处"V"形分割结构设计,前衣片两边设计有腋下省与腰省,右边肩部飘带绕至脖子点缀于左边衣片。后片露背式,腰节处设计有横向分割线,且后中心开拉链。裙身前后片左右两边设计有褶,下摆呈喇叭造型。面料材质适合选用棉、麻、薄型毛料或化纤织物等,此款是许多年轻女生所喜爱的时尚款式。

二、规格尺寸

根据款式特点和以上分析结果,对服装规格尺寸进行设定(见表 9-5)。

图 9-27 高腰节分割式连衣裙款式

表 9-5　　高腰节分割式连衣裙规格尺寸设定（单位：cm）

号型	部位名称	衣长(L)	胸围(B)	腰围(W)	臀围(H)
160/84A	净体尺寸	背长(38)	84	66	88
	成品尺寸	115	92	76	

三、结构制图绘制步骤与方法

第一，选择 160/84A 规格的日本新文化式原型为基础制图。

第二，原型省道分散变化如图 9-28 所示。

依据款式特点，后片为露背式，因此衣身肩省量不需要处理。只需根据款式将前衣片袖笼处胸省省量 3/4 闭合转至腋下 5cm 处，其余省量作为袖笼处松量。

（一）衣身结构制图

（1）绘制衣身前后片基础线。将前后衣身原型腰围线水平放置，同时前片左右两边对称展开，且前后腰节线向上抬高 1cm。由于成品胸围为 92cm，因此在原型基础上前后侧缝处各收进 1cm。将原型腰节线平行向下 9cm，绘制前后横向分割辅助线，前片前中心线至横向分割基础线再向下延长 6cm 点，分别连接至前后侧缝辅助线上。

（2）绘制前后侧缝线。如图将前后胸围大点向上 1cm，侧缝新腰节线处收进 1.5cm，且低腰节分割线与侧缝辅助线交点向外 0.5cm，绘制前后侧缝弧线，且前后侧缝弧线相等。

（3）绘制后片衣身结构线。将后中心线与胸围线交点向下 1.5cm 点与后胸围大点连接绘制弧线，且在此处装松紧带。腰节线离后中心 9cm 处设计 3cm 腰省，省口为 1.5cm。

（4）绘制前片衣身结构线。将前衣片肩颈点画垂直线与前直开领下 8cm 水平线相交，将此交点连接至胸围大点上。在肩部取飘带宽 8cm 点画垂直线相交于此辅助线上，如图 9-29 所示，绘制前片衣身领口结构线，将前片"V"形结构分割线 1/3 等分点偏进 0.7cm 绘制弧线。在 BP 点下 3cm 绘制垂直线相交于低腰节分割辅助线上，以此线为省中心线，在腰节线左右两边设计 2cm 省大，且离 BP 点 3cm，重新绘制腋下省。

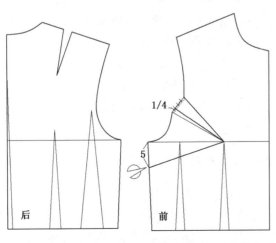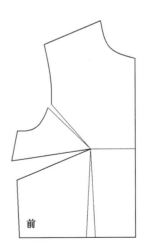

图 9-28 省道分散处理

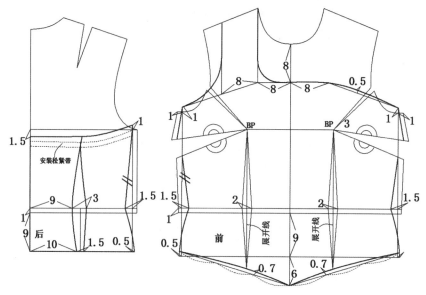

图 9-29 衣身结构绘制

（二）裙身结构绘制

（1）绘制裙身基础线：根据规格尺寸设计，衣长为115cm，而原型背长尺寸为38cm，因此，直接将原型前后腰节线平行向下追加77cm，确定衣长115cm，即可绘制裙身底摆辅助线，同时将前后中心线与侧缝线延长至底摆线上。将前后底摆辅助线向外延长9cm点与衣身低腰节侧缝线上点连接。

（2）绘制前后裙摆展开线：将前后裙摆侧缝处上翘1.5cm点绘制裙摆弧线。后片裙摆弧长中点与后片省中心点连接绘制展开线。由于前片裙身为对称结构，因此只需绘制一半即可，同样将前片底摆弧线的中点与衣身省尖点连接绘制展开线。

（3）连身裙肩部飘带绘制：以前片左边肩颈点向上延长65cm，绘制水平线，如图9-30(2)所示绘制连身裙肩部飘带，此时连衣裙结构绘制完成。

四、样片处理

（1）前后裙身样片处理。

如图9-31所示，提出裙身左右裙片，将裙身前后展开线剪开拉展，加入褶量12cm，此时连衣裙裙身结构绘制完成。

第五节 挂脖式连衣裙 257

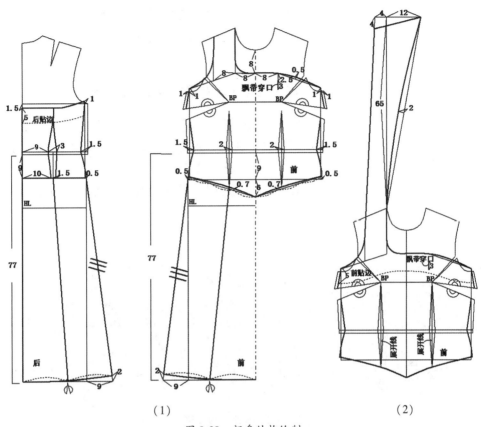

图 9-30 裙身结构绘制

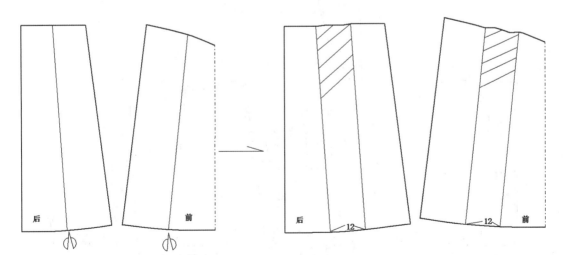

图 9-31 裙身展开结构示意图

(2)衣身样片处理。

如图9-32所示,①按结构图中轮廓线取出前衣身净样板。②将腰省中心线处剪开,腋下省闭合。③调节省尖,距离BP点3cm。

四、挂脖式连衣裙样板制作(见图9-33)

按结构图中轮廓线取出净样板,在净样板的基础上,根据面料的质地性能、款式特点及工艺要求放出缝份、折边等量,打剪口、标出款式名称、裁片名称、纱向、片数等,标准样板制作完成。放缝时,服装的缝份为1cm,前后片底边缝份为4cm。

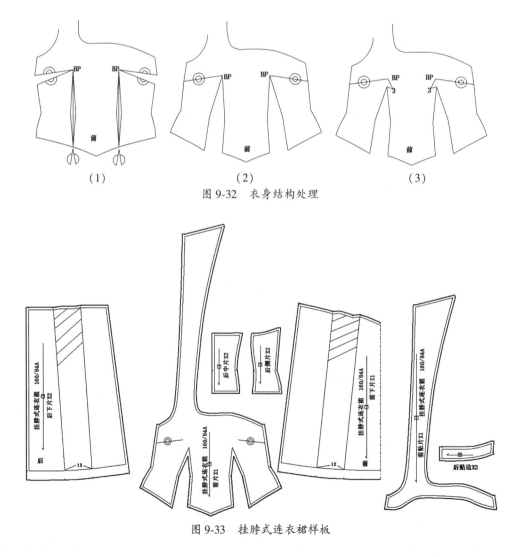

图9-32 衣身结构处理

图9-33 挂脖式连衣裙样板